土木工程再生利用技术丛书

土木工程再生利用施工技术

李慧民　李文龙　钟兴润　张　琳　编著

U0214299

科学出版社

北　京

内 容 简 介

本书全面系统地介绍了土木工程再生利用施工过程中涉及的主要施工技术。全书共 6 章，从结构拆除、地基基础、建(构)筑物、基础设施、绿色节能、安全控制方面探讨了各部分的基本内涵、工艺流程、建造技术与方法等。

本书可作为高等院校土木工程、工程管理、安全工程等相关专业本科生的教学参考书，也可作为土木工程再生利用相关领域从业人员的培训用书。

图书在版编目（CIP）数据

土木工程再生利用施工技术 / 李慧民等编著. —北京：科学出版社，2024.2

（土木工程再生利用技术丛书）

ISBN 978-7-03-078102-4

Ⅰ. ①土… Ⅱ. ①李… Ⅲ. ①土木工程–废物综合利用 Ⅳ. ①X799.1

中国国家版本馆 CIP 数据核字（2024）第 043939 号

责任编辑：陈 琪 / 责任校对：王 瑞
责任印制：师艳茹 / 封面设计：马晓敏

科学出版社 出版

北京东黄城根北街 16 号
邮政编码：100717
http://www.sciencep.com

北京建宏印刷有限公司印刷

科学出版社发行 各地新华书店经销

*

2024 年 2 月第 一 版　开本：787×1092　1/16
2024 年 2 月第一次印刷　印张：11 3/4
字数：244 000

定价：98.00 元

（如有印装质量问题，我社负责调换）

《土木工程再生利用施工技术》
编写(调研)组

组　长：李慧民

副组长：李文龙　钟兴润　张　琳

成　员：李　勤　刘怡君　王　莉　路鹏飞　樊胜军
　　　　万婷婷　牛　波　尹志国　龚建飞　刘　畅
　　　　孟　海　孙惠香　关　罡　陈　旭　武　乾
　　　　赵向东　王顺礼　高明哲　杨战军　卢继明
　　　　崔净雅　侯东辰　张紫薇　刘　旭　陈宗浩
　　　　李艳伟　吕双宁　余传婷　王锦烨　彭绍民
　　　　张家伟　陈尼京　都　晗　王梦钰　贾丽欣
　　　　田　卫　张　扬　裴兴旺　张广敏　郭海东
　　　　王孙梦　郭　平　柴　庆　张　健　刚家斌
　　　　周崇刚　陈亚斌　盛金喜　胡　炘　黄　莺
　　　　刘慧军　华　珊　陈　博　吴思美　胡　鑫

前　言

本书全面系统地介绍了土木工程再生利用施工过程中涉及的主要施工技术。全书共6章：第1章从人工拆除、机械拆除、爆破拆除、智能拆除四方面介绍了结构拆除施工技术，第2章从地基加固、基础处理、污染土处置三方面介绍了地基基础施工技术，第3章从结构加固、空间改造、表皮更新三方面介绍了建(构)筑物施工技术，第4章从道路改造、管网修复、设施更新三方面介绍了基础设施施工技术，第5章从节能改造、能源利用、资源优化三方面介绍了绿色节能技术，第6章从数值模拟、健康监测、风险预控三方面介绍了安全控制技术。全书内容丰富，逻辑性强，由浅入深，具有较强的实用性。

本书由李慧民、李文龙、钟兴润、张琳编著。参与本书编写的人员及其分工为：第1章由李慧民、王莉、钟兴润、裴兴旺编写；第2章由张琳、樊胜军、李文龙、龚建飞编写；第3章由李文龙、刘怡君、张琳、彭绍民编写；第4章由刘怡君、牛波、尹志国、钟兴润编写；第5章由李慧民、万婷婷、刘畅、王锦烨编写；第6章由钟兴润、李文龙、路鹏飞、孟海编写。

本书的编写得到了北京市高等教育学会2022年课题"促进首都功能核心区高质量发展的城市更新课题教研协同发展优化研究"（批准号：MS2022276）、北京市教育科学"十三五"规划2019年度课题"共生理念在历史街区保护规划设计课程中的实践研究"（批准号：CDDB19167）、中国建设教育协会课题"文脉传承在'老城街区保护规划课程'中的实践研究"（批准号：2019061）以及北京市属高校基本科研业务费项目"基于城市触媒理论的旧工业区绿色再生策略与评定研究"（批准号：X20055）的支持。

此外，本书的编写还得到了西安建筑科技大学、北京建筑大学、中冶建筑研究总院有限公司、西安建筑科大工程技术有限公司、西安建筑科技大学华清学院、中策北方工程咨询有限公司、柞水金山水休闲养老有限责任公司、西安市住房和城乡建设局、西安华清科教产业(集团)有限公司等的大力支持与帮助。同时，在编写过程中还参考了许多专家和学者的有关研究成果及文献资料，在此一并向他们表示衷心的感谢！

由于作者水平有限，书中不足之处在所难免，敬请广大读者批评指正。

作　者

2024年1月

目　　录

第1章　结构拆除施工技术

1.1　人工拆除技术

1.1.1　人工拆除基本内涵

人工拆除是以人工为主的拆除方式，不使用重型机械对结构构件进行拆解，采用手动或小体积的手工工具进行拆除施工。

1. 优点

(1)人工拆除技术对可利用的拆除物资损伤较小，对周围的影响也较小。

(2)人工拆除技术可以较好地进行建筑固废的分类分拣等预处理工作，可以获得较为完整的砖块、金属、玻璃、木材等可回收利用的建筑材料。

(3)人工拆除技术可以尽可能提高建设废料的回收率，减少建设废料的破损，极大提高建设废料的再利用效率。

(4)人工拆除可以创造就业机会，增加工人的劳动收入。

(5)人工拆除无重型机械的投入，前期投入成本较低。

2. 缺点

(1)人工拆除施工时间较长，拆除速度慢，施工人员的劳动强度较大，安全危险性较大。

(2)需搭设一定的脚手架，并设置相应的垂直运输设备。

(3)在现代施工建设条件和要求之下，单独依靠人工拆除效果有限。

3. 适用范围

(1)其他拆除方法无法完成的精细化拆除工作。

(2)其他拆除施工工艺需要人工拆除辅助的工作。

(3)木结构、砖木结构、一定高度以下混合结构的民用和公共建筑物。

(4)需部分保留的拆除项目。

(5)因环境不允许采用爆破、机械拆除而必须采用人工拆除的情况。

1.1.2　人工拆除基本原则

(1) 在拆除工程施工前，班组(队)必须组织学习专项拆除工程安全施工组织设计或安全技术措施交底，并应严格按照施工组织设计和安全技术措施进行，确需变更施工组织设计的，应该报请原来的审批部门同意，并办理变更手续，任何人不得随意改变。无安全技术措施的不得盲目进行拆除作业。

(2) 拆除物高度在 4m 以上或屋面坡度超过 30°的拆除工程，应搭设施工脚手架。脚手架应经过验收合格后才能使用。

(3) 楼板上严禁人员聚集和堆放材料，作业人员应站在稳定的结构或脚手架上操作，被拆除的构件应有安全的放置场所。严禁作业人员站在墙体、被拆除构件或危险构件上。楼板上若需堆放材料，其重量应控制在结构承载力允许的范围内。

(4) 人工拆除施工应从上至下、逐层拆除、分段进行，不得垂直交叉作业。当拆除某一部分的时候，必须有防止另一部分发生坍塌的安全措施。作业面的孔洞应封闭。屋檐、挑阳台、雨篷、外楼梯、广告牌和铸铁落水管道等在拆除施工中容易失稳的外挑构件，应先予以拆除。拆除梁或悬挑构件时，应采取有效的下落控制措施，方可切断两端的支撑。

(5) 人工拆除建筑墙体时，严禁采用掏掘或推倒的方法。遇有特殊情况时必须进行审批，拟定安全技术措施，并遵守下列规定。

① 砍切墙根的深度不能超过墙厚的 1/3。墙厚小于两块半砖的时候，严禁砍切墙根掏掘。

② 为防止墙壁向掏掘方向倾倒，在掏掘前，必须用支撑撑牢。在推倒前，必须发出信号，服从指挥，待全体人员避至安全地带后，方准进行。

(6) 建筑的栏杆、楼梯、楼板等构件应与建筑结构整体拆除进度相配合，不得先行拆除。建筑的承重梁、柱，应在其所承载的全部构件拆除后，再进行拆除。

(7) 高处进行拆除时，要设置溜放槽，以便散碎废料顺流流下。搭设溜放槽时，支撑架可采用直径不小于10cm 的圆木、5 号以上的槽钢或 7 号以上的角钢等；溜放槽的上口高度与工作面相平，下口离地面不超过 2m。同时，溜放槽和地面的角度不大于45°，上、下两个口要做密封性防护，防止尘土外扬。

(8) 较大或沉重的材料，要用绳或起重机械及时吊下运走，严禁向下抛掷。拆除的各种材料应及时清理，分别码放在指定地点。

(9) 拆除管道及容器时，必须在查清残留物的性质并采取相应措施确保安全后，再进行拆除施工。

1.1.3　人工拆除技术流程

人工拆除施工流程一般按照建造施工的逆顺序，拆除遵循：自上而下，高者在先；

先次后主，闲者优先。"自上而下，高者在先"说明了拆除物的上下关系，要求拆除自上而下逐层进行，而脚手架、楼梯、栏杆等的拆除与拆除楼层同步进行，严禁从下往上先拆除预制板，严禁预先拆除外廊、楼梯及栏杆。"先次后主，闲者优先"说明了拆除物同层中各构件的关系；"主"是指该构件除承担本身自重外，还承担其他构件的重量；"次"是指该构件除承担本身自重外，不承担其他构件的重量。"先次后主"就是先拆不承重的构件，该构件拆除后支撑它的主要构件就变成次要构件了。因此，随着拆除工作的进行，主要构件会不断变成次要构件，拆除的永远是处于次要地位的构件。

一般对常规建筑进行拆除所采取的做法是：按照先内后外、先上后下的原则进行施工，同时兼顾拆除作业，形成流水施工，做到分层分类地拆除。涉及对结构改造时要做到先补强后拆除、先支护后拆除、先拆除填充墙和梁板后拆除承重柱(墙)。下面以砖木、砖混结构为例说明人工拆除技术流程，如图 1-1、图 1-2 所示。

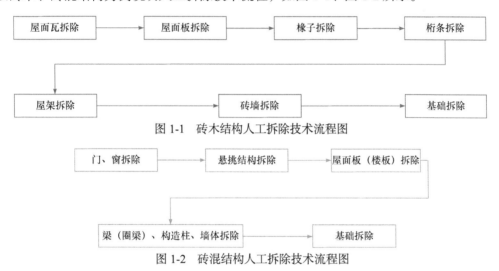

图 1-1　砖木结构人工拆除技术流程图

图 1-2　砖混结构人工拆除技术流程图

1.1.4　人工拆除工艺要点

1. 施工要求

(1)作业通道的设置要求。平面通道宽度应满足适合运输工具和施工人员通行的需要；上、下通道宜利用原建筑通道，无法利用原建筑通道的，应搭设临时施工通道。

(2)脚手架的要求。脚手架应经验收合格后方可使用；拆除工程施工中，应检查和采取相应技术与安全措施，防止脚手架倒塌；脚手架应随建(构)筑物的拆除进程同步拆除。

2. 几种典型构件的拆除施工

1)坡屋面拆除

坡屋面整体可按照图 1-3 所示的施工顺序进行拆除。拆除屋面时，操作人员应系好安全带，并设置防滑、防坠落措施。屋架应逐榀拆除，对未拆屋架应保留桁条、水平支撑、剪刀撑，确保其稳定性。拆除屋架时应在屋架顶端两侧设置揽风绳，防止屋架意外倾覆。人工凿除屋面瓦可采用锤子和錾子，拆除时应从屋脊至檐口逐片拆除，顺着坡面分层拆除，按先铺的后拆、后铺的先拆的顺序进行。屋面拆除的瓦片应及时送入溜放槽移至楼下，不得在坡屋面上堆放，以免滑落伤人。

图 1-3　坡屋面人工拆除顺序

2）楼板（包括平屋面）拆除

人工拆除楼板如图 1-4 所示，拆除顺序如图 1-5 所示。

图 1-4　人工拆除楼板施工

图 1-5　楼板人工拆除顺序

按照施工图纸要求确定拆除部位，且拆除部位周边应做好防护。对拆除部位楼板所在楼层及上一层进行围挡，防止建渣高坠伤人。对拆除的楼板安装支撑架；人工拆除时尽量减少对待拆楼板周围的钢筋混凝土造成扰动。拆除过程中应尽量避免损伤钢筋及水电管线；现浇钢筋混凝土楼板和预制楼板应采用粉碎性拆除。拆除工程施工前，作业人员应系好安全带，并攀挂在安全绳上，安全绳固定在稳定牢固的位置。施工作业时，作业人员应站立在跳板上，跳板两端搁置在墙体或梁上。若遇到部分楼板需保留，将拆除的楼板与保留的楼板进行混凝土分离后，才能进行原位粉碎性拆除，以确保拆除部位不损坏周边结构。对切割拆除混凝土造成的楼面空缺，应设置临时围护栏，围护栏醒目且牢固可靠。拆除的混凝土应及时清运。

3）梁拆除

拆除次梁时，在梁的两端凿缝，先割断一端钢筋，用起重设备缓慢放至下层楼面后，再割断另一端的钢筋，用起重设备缓慢放至下层楼面破碎；当次梁过大、过重，用起重设备不能安全吊放时，应按照主梁的拆除方法拆除。主梁应采用粉碎性拆除，主梁的下部必须设置相应的支撑，从梁的中部向两端进行粉碎性拆除。

4）墙拆除

墙体必须自上而下粉碎性拆除，禁止采用砍凿墙脚、人力推倒或拉倒墙体的方法拆除墙体，如图 1-6 所示。施工前在拆除区域洒水或采取其他降尘措施，减少灰尘对环境的污染，做到文明施工。承重墙的拆除：在承重墙所支撑的所有结构拆除以后，方可开始拆除。对内隔墙，室内搭架子，从上至下进行粉碎性拆除；对边墙，切断窗户上的圈梁或窗过梁，系绳子把窗台上的部分向内拉下来，下面部分进行粉碎性拆除。对现浇混凝土剪力墙，应先将墙体切割分块，放倒后再进行破碎。拆除墙体前须搭好脚手架或马镫，墙体两侧搭设结构支撑体系。拆除墙体与其他墙体之间的连接时，为避免拆除对其他墙体造成振动破坏，可先用切割机进行切割后再进行人工剔凿，可用锤子、撬棍、铁锹、瓦刀等进行施工。墙体拆除时，应及时清运建渣，不得积压，清运时做好降尘处理。

图 1-6　人工拆除墙体施工

5）立柱拆除

立柱倒塌方向应选择在楼板下有梁或墙的位置，对于边（角）柱，应控制其向内倒塌；应沿立柱根部切断部位凿出钢筋，手动推倒或用长度和强度足够的绳索定向牵引，将与牵引方向反向的钢筋和两侧的钢筋用气割割断，保留牵引方向的钢筋，然后将立柱向倒塌方向牵引拉倒；立柱倒塌撞击点处应采取缓冲减振措施。砖柱拆除时可在砖柱旁支设脚手架，人站立在脚手架上用榔头或其他工具对砖柱进行粉碎性拆除。

6)门窗拆除

可用风镐或锤子等简单工具把门窗周围的混凝土打掉，将门窗用绳子拉倒抬走。拆除窗户时需在窗户外悬挂防护物，以防混凝土块飞出伤人或毁物。

1.2　机械拆除技术

1.2.1　机械拆除基本内涵

机械拆除是以大、中型机械(如挖掘机、镐头机、重锤机、液压机等)破坏性拆除为主的拆除方式对建筑进行拆除。机械拆除可单独作为一种拆除方法，也可作为其他拆除方法的补充和辅助。通常机械拆除是在人工拆除的辅助下进行的，因此使用机械为主、人工为辅的拆除方法，也可以称为机械拆除。

1. 优点

(1)机械拆除施工速度快，作业时间短。

(2)无须人员直接接触作业点，安全性较高。

(3)由于结构整体解体和结构局部破碎可以在时间上同步完成，拆除效率高，经济效益好。

2. 缺点

(1)机械拆除对可再利用的建筑材料损伤较大。

(2)机械拆除对劳动技能的要求较高，工人需进行专业技术的学习和实践才能掌握对机械的操作。

(3)机械拆除需要重型机械的投入，前期投入成本较高。

3. 适用范围

(1)拆解难度较高的、体量大的建筑。

(2)拆除项目周期短的农宅。

(3)拆除砖木结构、砖混结构、框架结构、框剪结构、排架结构、钢结构等各类建(构)筑物和各类基础、地下工程。

1.2.2　机械拆除常用机械

1. 常用机械简介

1)破碎机

破碎机在结构拆除施工中主要用于捣碎建筑物的墙、柱、梁等主要承重结构，最终使其坍塌并使坍塌后的建筑物解体破碎。破碎机大多由挖掘机改装而成，即卸去挖斗后，改装上破碎锤而成，如图 1-7 所示。使用破碎机进行工程拆除施工时，应有专人指挥，其打击点应根据建筑物坍塌方向事前进行设计，打击力应适中，当有多个打击点时，应循序轮流进行打击，不应在一个打击点上一次打击到位。

2）铲运机

铲运机在拆除工程施工中主要用于清理、装载垃圾以及平整拆除场地，也常与自卸汽车进行联合作业，如图 1-8 所示。当只需对拆除垃圾进行近距离（如 100～200m）转堆时，使用铲运机能获得较为满意的效果，因为铲运机能综合完成铲、装、运、卸四个工序，工作效率较高。在拆除施工结束、拆除垃圾清理外运完成后的场地平整施工中，铲运机能完成铲土、运土、卸土、填筑、压实等多道工序，是使用最广泛的一种施工机械。

3）挖掘机

挖掘机在拆除工程施工中主要用于清理、装载垃圾以及基础工程的拆除施工，挖掘机的外形如图 1-9 所示。挖掘机装车轻便灵活，回转速度快，移位方便，工作效率较高，通常配备自卸汽车进行联合作业。

图 1-7　破碎机　　　　　　图 1-8　铲运机　　　　　　图 1-9　挖掘机

4）重锤机

重锤机在拆除施工中主要用于高度较高的工程拆除施工，利用重锤在垂直方向或侧向撞击时释放的能量打击、摧毁建筑物的要害部位，即纵向可打击楼板，横向可打击梁、柱，最终使建筑物坍塌。重锤机大多由履带式起重机改装而成，即卸去起吊滑轮组后装上重锤而成，如图 1-10 所示。重锤机施工作业时，不得与机械行走同时进行，以保证机身稳定安全。

5）起重机

拆除工程施工中常用的起重机有塔式起重机、汽车起重机、轮胎起重机、履带式起重机以及水上浮吊等，主要用于拆除构件的向下吊运工作，如图 1-11 所示。各种起重机在使用过程中，应重视其额定起重量与工作幅度、起升高度等参数之间的关系，要正确判断拆除物的重量，避免超重吊运，损伤机械。

6) 高空拆除机

高空拆除机是利用挖掘机的液压原理研发的，具有作业效率高、安全可靠、对环境影响小的优点，适用于作业条件苛刻、对安全要求高的城市楼房、厂房等高层建筑的拆除，如图 1-12 所示。

图 1-10　重锤机　　　　　　图 1-11　起重机　　　　　　图 1-12　高空拆除机

部分高空拆除机是由履带式液压挖掘机改装的，其充分利用液压挖掘机的特长，开发出专用拆除机，在大厦、高层建筑物的拆除现场，结合周边环境协调作业。高空拆除机配套三节臂工作装置，高度可达 40m，可轻松执行 8～9 层建筑物的拆除任务。

2. 选择机械拆除工具时需考虑的因素

1) 被拆建筑的尺度

墙的厚度、柱/梁的宽度、板的厚度等都是结构物自身三向中最薄的尺度，破碎应在这个方向上进行。当选择液压剪对上述构件进行拆除时，拆除机械的口径应大于上述尺度。

2) 被拆建筑的性能

构成砖砌体的砖本身的硬度及砖间粘贴层的强度都不高，可用装载机、风镐、混凝土破碎机进行破碎。素混凝土结构性能主要依赖水泥强度等级及风化老化情况，一般情况下强度不高，可采用风镐、混凝土破碎机、液压剪(锤)等机械设备进行拆除。而对于高强度的钢筋混凝土结构，应根据具体情况选择满足拆除要求的机械设备，并以气切法配合切断钢筋。

3) 被拆建筑的高度

拆除高度是指从拆除工具所在地面起计算的高度。一般装载机作业高度可达 6m，普通的液压锤(剪)作业高度可达 13m，而加长臂液压剪最高能达 30m。可依据拆除对象的高度选择合适的机械。

4）被拆建筑的位置及周边环境

受周边环境的影响，不同建筑对拆除噪声、振动等的控制要求各不相同，应视现场具体情况选择合适的机械。

1.2.3　机械拆除常用方法

1. 镐头机拆除法

镐头机可拆除高度不超过 15m 的建（构）筑物。拆除顺序是自上而下、逐层、逐跨拆除。对框架结构房，选择与承重梁平行的面作为施工面。对混合结构房，选择与承重墙平行的面作为施工面。设备机身距建筑物的垂直距离为 3～5m，机身行走方向与承重梁（墙）平行，大臂与承重梁（墙）成 45°～60°角。打击顶层立柱的中下部，让顶板、承重梁自然下塌，打断一根立柱后向后退，再打下一根，直至最后。对于承重墙，要打击顶层的上部，防止碎块下落砸坏设备。用挖掘机将解体碎块运至后方空地进行进一步破碎，留出镐头机作业通道，进行下一跨作业。

2. 重锤机拆除法

重锤机通常由 50t 吊机改装而成，锤重 3t，拔杆高 30～52m，有效作业高度可达 30m；锤体侧向设置可快速释放的拉绳，因此，重锤机既可以纵向打击楼板，又可以横向撞击立柱、墙体，是一种比较好的拆除设备。

拆除顺序是从上向下，层层拆除，拆除一跨后清除悬挂物，移动机身再拆下一跨。拆除面同镐头机。侧向打击顶层承重立柱（墙），使顶板、梁自然下塌。拆除一层后，放低重锤以同样的方法拆除下一层。拔杆长度为最高打击点高度加 15～18m，但最短不得短于 30m。对于 50t 吊机，锤重 3t，停机位置距打击点所在的拆除面的距离最大为 26m，机身垂直拆除面。用重锤侧向撞击悬挂物使其破碎，或将重锤改成吊篮，人站在吊篮内切割悬挂物，让其自由落下。拆除一跨后，用挖土机清理工作面，移动机身拆除下一跨。

3. 传统大型机械拆除法

传统大型机械拆除法指采用大型液压机械配备伸长臂自上而下进行拆除。

4. 降层拆除法

以小型挖掘机械配备液压锤吊至高层建筑楼面进行拆除作业，待楼体拆除至能用大型机械在地面施工时，综合考虑周围环境后选择合理的方法将剩余部分拆除。

5. 共振法

共振法是将墙体简化为结构动力学"双自由度体系"中两端固定的杆件模型，在待拆除墙体指定位置安装共振器，测出墙体的自振频率，然后利用共振器使墙体振动，当施加的外荷载频率与墙体一致产生共振时，破坏墙体，使墙体内的混凝土破碎，与钢筋分离。其有以下几个优点：①相比于爆破拆除产生的振动、粉尘和冲击波，对周围建筑的影响小；②混凝土的破碎使得建筑垃圾回收更加方便；③共振设备可以循环使用，降低了拆除施工的成本。

6. 气切法

气切法是采用氧气-乙炔或者氧气通过割炬燃烧产生的高温熔化混凝土，然后切割混凝土。混凝土的熔点在 1800～2500℃，而氧气燃烧的最高温度为 3000℃，乙炔燃烧的最高温度为 3300℃，所以可根据氧气-乙炔或者氧气燃烧切割金属的原理来切割混凝土，将混凝土切割成块状，然后进行吊装拆除。气切法的优点是噪声、扬尘和环境污染相比爆破拆除小。

7. TECOREP 系统法

TECOREP 系统法是利用现有建筑的屋顶以及新搭设的悬挂保护脚手架作为墙壁的四周，构成建筑物新的上部结构，并且用临时建造的具有升降功能的柱子支撑上部结构的重量，实现在封闭环境中建筑物的自上而下拆除。

8. 达摩落法

达摩落法是指从底层开始拆除。首先要在支撑建筑的所有立柱下方插入液压千斤顶；然后单独降低其中 1 个千斤顶，使一根立柱悬空，建筑由其他立柱和千斤顶支撑，从悬空立柱的下方切掉约 80cm；再重新升起千斤顶支撑立柱。在对全部立柱完成这样的操作后，再同时降低千斤顶。这样建筑以大约 80cm 为一层的高度逐层降低。这种施工方法的特点是作业仅在建筑底层进行，无须担心来自上层的噪声和粉尘，而且人员无须上下移动，便于确保安全。该拆除技术与其他传统拆除技术相比，不仅减少了扬尘，更降低了噪声污染和环境污染。

1.2.4　机械拆除工艺要点

1. 施工工艺流程

机械拆除的施工工艺流程为解体→破碎→翻渣→归堆待运，如图 1-13 所示。

图 1-13　机械拆除施工工艺流程

2. 几种典型结构的拆除施工

机械拆除的基本原则是先支撑后拆除，先拆除非承重构件再拆除承重构件，先拆除次要构件再拆除主要构件。但也有特例，如预应力拆除方法，就是通过施加外荷载的方式使结构主要承重构件破损，从而引发整体或局部结构发生定向的快速倒塌。

(1)一般工艺流程。机械拆除应按照以下顺序进行：建(构)筑物的铸铁落水管道、外墙上的附属物、外挑结构、水箱等→楼板(屋面板)→墙体→次梁、主梁、立柱→清理下层楼面，并重复(2)～(4)的步骤顺序。

(2)砖木结构。机械拆除砖木结构的顺序应符合下列要求：①拆除铸铁落水管道和外挑构件；②采用拆除机械逐间、逐跨自上而下拆除。

(3)砖混结构。机械拆除砖混结构的顺序应符合下列要求：①拆除屋顶水箱、电梯机房、铸铁落水管道、门窗和外挑构件；②自上而下、逐间、逐跨拆除屋面板和墙体、构造柱；③使用相匹配高度的拆除机械进行阶梯式拆除。

(4)框架结构。机械拆除框架结构时通常应按楼板、次梁、主梁、柱子的顺序进行施工；框架结构的拆除宜使用液压锤或液压剪等机械设备进行拆除作业。

(5)钢结构。机械拆除钢结构的顺序应符合下列要求：①拆除屋顶上的附属设施、水箱、铸铁落水管道、门窗和外挑构件等；②液压剪自上而下拆除钢结构屋面构件和外墙；③液压剪自上而下、逐层、逐跨拆除压型钢楼板、钢次梁、钢主梁和钢立柱。例如，钢结构工业厂房机械拆除施工工艺流程如图 1-14 所示。

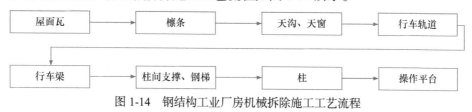

图 1-14　钢结构工业厂房机械拆除施工工艺流程

3. 几种典型构件的拆除施工

1)屋顶拆除

斜屋顶可采用机械推拉破碎的方式进行拆除。对于平屋顶的拆除，可将平屋顶视为一般楼板，若能回收利用，则整体吊装卸下；若无法回收利用，则用拆除机械破碎拆除。

2)墙体拆除

一般墙体采用机械拆除时，可在墙体中间先打个大洞，再由此洞向两边扩散，这种拆除方式效率较高，且较为安全。孤墙可采用液压锤进行拆除，可在墙间先打出豁口，再向两边扩展。内墙与外墙可用液压锤、液压剪等机械进行拆除，利用这些设备时，车身在地面，锤头要伸到建筑物内部，首先必须打开迎面的外墙，再拆除里面的楼板及左、右、前三个方向的内墙，与人工拆除不同。

3)梁拆除

可用液压锤或液压剪对柱的上端搭接梁的部分进行破碎，露出钢筋，然后用同样的方式破碎梁的另一端，待切断两端钢筋后卸下梁。框架结构中梁的拆除方式可选择离拆除机械最近的柱子为中心点，破碎柱子上端的混凝土，即破坏相关梁的一端，然后再切断梁的另一端，放下此梁，重复切断另一根梁的另一端，使其放下，如此往复，待此柱的联系梁全部拆除后，再放倒此柱子，使机械移动，进入下一轮的拆除。

4) 柱拆除

柱通常高度都不高，截面较大，常采用人工拆除法。这里以廊柱为例说明机械拆除在柱拆除工程中的应用：廊柱一般高度较高，但根基不深，在基础周边开挖后，用挖掘机即可推动。

1.3　爆破拆除技术

1.3.1　爆破拆除基本内涵

爆破拆除是指利用高能炸药爆炸时产生的超强冲击波使建筑物的局部结构破坏，使其结构整体沿设计方向倒塌的方法。其基本技术原理是爆破破碎一部分混凝土承重构件，使整体结构失稳后在自重产生的力矩作用下发生倾倒，触地后解体，如图 1-15 所示。用爆破方法将建筑物放倒后，往往还需用人工或机械进行进一步的解体和破碎。

图 1-15　爆破拆除

1. 优点

(1) 后期机械清理过程中可避免高空作业。

(2) 施工人员无须进行有损建筑物整体结构和稳定性的操作，人身安全最有保障。

(3) 一次性解体，其扬尘、扰民较少。

(4) 拆除效率高，特别是高耸坚固建筑物和构筑物的拆除。

(5) 可改善人工拆除和机械拆除相对效率低、工期长的缺点。

2．缺点

(1)爆破拆除属于破坏性拆除，对可再利用的拆除物资损伤较大。

(2)因建筑物触地时会产生爆破振动和触地振动、爆破飞石和灰尘与毒气等影响因素，爆破拆除过程易产生安全问题或事故。

(3)需要足够的场地，满足结构倒塌空间的需求。

3．适用范围

(1)人烟稀少等空旷的环境条件。

(2)高层建筑的拆除。

(3)高强度建筑的拆除。

(4)周边场地满足爆破拆除的建筑。

(5)拆除混合结构、框架结构、排架结构、钢结构等各类建(构)筑物、各类基础、地下及水下构筑物以及高耸建(构)筑物。

1.3.2　爆破拆除技术原理

1．爆破破碎

爆破破碎(如钻孔爆破)基本原理是利用爆炸时产生的脉冲型应力波与导致的气体膨胀一起破坏结构关键节点处构件的一部分，导致构件因强度不足而退出工作。

2．结构失稳

通过以钻孔爆破的方式针对建筑物的部分或全部承重构件进行破坏，打破结构原有的稳定平衡状态，令内力重新分布，最终实现结构的坍塌解体。

3．剪切破坏

对现浇楼板或大体量楼房进行爆破拆除时，可通过延时爆破将现浇楼板或大体量楼房的承重立柱与支撑点按事先设计好的次序依次引爆、破坏，从而改变结构原有的受力状态，使楼板和梁受弯矩与剪切力的多重作用，在反复弯剪的状态下破坏而自然解体。

4．挤压冲击

由于钢筋混凝土结构自重和塌落过程中重力加速度的作用，在解除了节点约束、改变了受力平衡后，建筑物在倾倒和剪切过程中，"高度差"使上部结构冲击下部梁、板、柱、墙，其挤压冲击力度可使未爆破钢筋混凝土构件破碎，并产生反复的挤压、冲击破坏而解体。

5. 失稳塌落解体

对于建筑物的爆破拆除，设计原理即在于破坏建筑物原有的稳定性，以爆破手段破坏其刚度，令其失去原有的受力平衡状态，最终在自重与爆炸带来的外部扰动冲击的双重作用下变形、破坏、塌落，达到解体拆除的目的。

1.3.3　爆破拆除技术分类

1. 定向倒塌爆破拆除

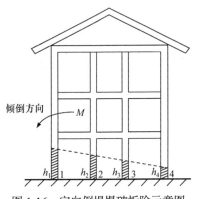

图 1-16　定向倒塌爆破拆除示意图

定向倒塌爆破拆除是利用炸药将建筑物的主要关键支撑点（柱子或承重墙）炸毁，使其无法支撑建筑物的重量，使建筑物在自身重量的作用下向某一方向倾倒。定向倒塌爆破拆除的炸药使用量一般较少，但要求拟拆建筑的周边具有一定范围的空地，空地长度大于建筑高度的 1.5 倍。

可通过以下两种方式实现定向倒塌爆破拆除：一是在沿倾倒方向的承重墙、柱子上布置不同炸高；二是安排恰当的起爆顺序。如图 1-16 所示，其中 $h_1 \sim$ h_4 为炸高，1～4 为起爆顺序。

2. 折叠倒塌爆破拆除

当定向倒塌方向空地长度小于 1.5 倍建筑高度时，可以考虑选用折叠倒塌爆破拆除。折叠倒塌爆破拆除与定向倒塌爆破拆除类似，区别在于折叠倒塌爆破拆除是一层层自上而下的定向倒塌，即先将上一层的建筑爆破倒塌后再起爆下一层的建筑，从而可以将上一层的建筑叠加在下一层的建筑上，减小了倒塌的长度范围。折叠倒塌爆破拆除按建筑倒塌方向不同又可以分为单向连续折叠倒塌和双向交替折叠倒塌，具体如图 1-17、图 1-18 所示。

3. 内向倒塌爆破拆除

当场地外部无倒塌空间时，可以选用内向倒塌爆破拆除方式。该种拆除方式的原理是利用时间延迟和炸高的不同，使建筑物中间部位先炸塌，周围部分向已炸塌的中间部分合拢，在合拢过程中扭曲、碰撞实现进一步破碎。内向倒塌爆破拆除方式爆破后的爆堆往往较高。具体如图 1-19 所示。

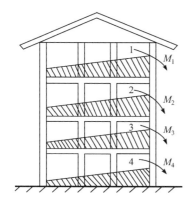

图 1-17　单向连续折叠倒塌爆破拆除示意图

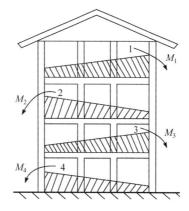

图 1-18　双向交替折叠倒塌爆破拆除示意图

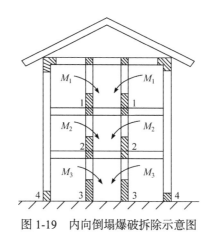

图 1-19　内向倒塌爆破拆除示意图

4. 绿色爆破拆除新技术

绿色爆破拆除新技术是在轴向预埋炮孔爆破拆除技术、装药新技术、炮孔堵塞压渣新结构、柔性防护技术等多项专利技术的基础上配合采用切割箍筋、布设减振孔等常用技术手段，最大限度实现绿色爆破效果的拆除技术。

1.3.4　爆破拆除工艺要点

1. 施工工艺流程

爆破拆除的施工工艺流程为组织爆破前施工→组织装药接线→警戒起爆→检查爆破效果→破碎清运，如图 1-20 所示。

2. 操作要点

(1)组织爆破前施工。按设计的布孔参数钻孔，按倒塌方式拆除非承重结构，由技术员和施工负责人二级验收。

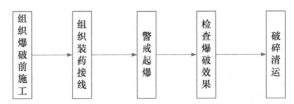

图 1-20　爆破拆除施工工艺流程

(2)组织装药接线。由爆破负责人根据设计的单孔药量组织制作药包,并将药包编号;对号装药、堵塞;根据设计的起爆网络接线连网;由项目经理、设计负责人、爆破负责人联合检查验收。

(3)警戒起爆。由安全员根据设计的警戒点、内容组织警戒人员;由项目经理指挥、安全员协助清场,警戒人员到位;零时前 5min 发预备警报,开始警戒,爆破员接雷管,各警戒点汇报警戒情况;零时前 1min 发起爆警报,起爆器充电;零时发令起爆。

(4)检查爆破效果。爆破负责人率领爆破员对爆破部分进行检查。若发现哑炮,应立即按《爆破安全规程》(GB 6722—2014)规定的方法和程序排除哑炮,待排险后,解除警报。

(5)破碎清运。用镐头机对解体不充分的梁、柱进行进一步破碎,回收旧材料,清运垃圾。

3. 框架和砖混结构的爆破拆除

(1)爆破前对楼梯间、剪力墙、电梯井的处理应确保其倒塌过程中不影响设计的倒塌方向。

(2)对于装配式建筑物,应采取牵拉钢丝绳、提高后排立柱爆高等方法确保后排立柱向前倾倒。

(3)对于在建筑物倒塌时有可能滚动或前冲的高位构件(如水箱)或附着设备,应在爆破前拆除或在爆破时采取相应的安全措施。

4. 碉堡、筒仓设施的爆破拆除

碉堡、筒仓设施的爆破拆除应符合下列要求:①碉堡和薄壁筒仓宜采用水压爆破拆除。②爆破前应对筒仓的卸料口、碉堡的门洞口等影响蓄水的部位、缺口封堵严实,确保水压爆破的顺利实施;清除待爆体四周的埋土,挖出临空面。③水压爆破应避免泄水对周围环境造成危害。

5. 烟囱、水塔设施的爆破拆除

烟囱、水塔设施的爆破拆除应符合下列要求。

(1)孔网参数。根据待爆体形式确定最小抵抗线;孔距宜为最小抵抗线的 1.8～2.5 倍;排距宜取最小抵抗线的 70%～90%;对于孔深,四面临空构件的底部保留部分宜为最小抵抗线的 90%,四面不临空构件的孔深可达底部主钢筋处。

(2)应在烟囱根部,倒塌方向一侧爆破出一个切口,切口可采用三角形、梯形、矩形等多种形式,切口最大长度应为该处周长的 60%～70%。

(3)钢筋混凝土烟囱应将切口背面 1/2 弧长的纵向钢筋割断,中心应对称。

(4)砖砌烟囱切口背面不应作特殊处理。

(5)切口两端应开设定向窗。

(6)不在烟囱切口部位但处于切口同一水平高度上的烟道、孔洞等应用砖砌牢,防止承重部位因受力不均偏离倒塌方向。

(7)烟囱在倒塌范围不足的情况下,可进行单向连续折叠或双向交替折叠倒塌爆破,施工类同框架结构的折叠倒塌爆破。

(8)应考虑残体滚动、筒体塌落触地的飞溅和前冲,并采用沟槽、缓冲堤等减振措施。

1.4 智能拆除技术

1.4.1 机器人技术

1. 拆除机器人技术

智能机器人技术目前已被广泛应用于生产和生活的许多领域,按其智能水平可以分为三个层次:工业机器人、初级智能机器人、高级智能机器人。智能机器人最初主要用于制造业,随着国外技术的不断成熟,其逐渐应用于建筑行业的机械拆除。目前拆除机器人已被尝试应用在核工业、抢险救灾等特定高危拆除场合中。拆除机器人相较一般的机械拆除的优势在于可以从事高危拆除作业,降低人员伤亡,同时还可以很大程度上提高拆除的效率,降低拆除带来的粉尘污染。

例如,Brokk 系列破拆机器人可以适应沙土、泥泞、废墟等多种施工地面,并且使用低排放柴油驱动和减噪系统以减少环境负担,如图 1-21 所示。瑞典于默奥大学设计学院设计了一种名为 ERO 的拆除机器人,如图 1-22 所示,其工作原理是使用高压水枪喷射瓦解混凝土,从而达到拆除混凝土而保留钢筋的目的,该机器人可广泛应用于有辐射或有毒等无法人工作业的特定工作环境中。

2. 拆除机器人的特点

1)绿色环保
拆除机器人噪声小,振动小,对环境污染小。

图 1-21　Brokk 系列破拆机器人　　　　　图 1-22　ERO 拆除机器人

2）经济节能

拆除机器人系统的输出功率随着负载的需求自动调整，无能源损失；工作运行成本较低，劳动强度较低。

3）安全性能高

利用拆除机器人，可让操作者远离危险现场，作业过程中无论对人还是对物安全性相对较高。

4）应用范围广

拆除机器人可用于核能、化工、矿山、隧道、桥梁等建（构）筑物的拆除中，还可用于场地狭小、危险程度较高的特殊环境中。

1.4.2　数字孪生体技术

数字孪生体是现有的或将有的物理实体对象的数字模型，通过实测、仿真和数据分析来实时感知、诊断、预测物理实体对象的状态，通过优化指令来调控物理实体对象的行为，并通过相关数字模型间的相互学习来进化自身；同时改进利益相关方在物理实体对象生命周期内的决策。

在结构拆除中，数字孪生体技术通过数字化方式建立结构实体动态虚拟模型来映射结构在真实施工环境中的属性、状态，从而使人们能够掌握结构拆除全过程的真实受力等状态，实现结构拆除的精准控制。数字孪生体技术能够对拆除的整个过程进行精细化仿真分析，同时对结构拆除前的状态进行评估，在拆除过程中进行施工检测及安全控制，且能够对拆除后的资源再利用进行分析及探讨。

数字孪生体技术目前已广泛应用于桥梁拆除、既有建筑拆除等工程中。随着数字孪生体技术的发展，该技术可实现真实拆除过程与虚拟过程之间孪生数据的交融互通，从而实现拆除的自动化、智能化。被拆除结构的相关数据与仿真数据形成孪生数据库后，通过数据处理和信息交互，可利用功能互补的智能机器人完成各种复杂的拆除工程，从而减少人为因素导致的不利影响。

1.4.3　PLC 变频同步技术

　　PLC 变频同步技术是一种对力和位移双闭环综合控制的拆除技术，通常会和千斤顶配合使用。该技术在建筑移位和托换等拆除工程中广泛应用，能够实现逆向拆除，可采取自下而上或板-梁-柱整体降层原则进行拆除。基于 PLC 变频同步技术的逆向拆除可实现密集环境下结构的安全、绿色、高效拆除；同时可降低拆除过程中粉尘对大气的污染及碳排放量，提升拆除材料的再生利用率。

　　PLC 控制液压同步系统由液压系统、监测传感器、计算机控制系统等几个部分组成，可实时监测拆除过程中的相关数据，通过运算及预测可及时分析并发出预警，保障整个拆除过程安全及可控。PLC 变频同步技术在结构拆除工程中的应用，实现了对结构的多点联控，还可以进行同步远程数据传输，从而在互联网云平台上对整个拆除施工过程实施无缝监控。

思　考　题

　　1-1　人工拆除技术的优缺点有哪些？

　　1-2　人工拆除技术的基本原则有哪些？

　　1-3　简述人工拆除砖木结构的流程。

　　1-4　机械拆除技术的优缺点有哪些？

　　1-5　机械拆除常用的方法有哪些？

　　1-6　机械拆除的一般工艺流程是什么？

　　1-7　爆破拆除技术的优缺点有哪些？

　　1-8　爆破拆除的技术原理是什么？

　　1-9　简述爆破拆除的操作要点。

　　1-10　常见的智能拆除技术有哪些？

参考答案-1

第2章　地基基础施工技术

2.1　地基加固技术

地基加固方法的分类多种多样，按照时间可分为永久加固和临时加固；按照处理深度可分为浅层加固和深层加固；按土性对象可分为砂性土加固和黏性土加固、饱和土加固和非饱和土加固；按加固技术可分为注浆加固、高压喷射注浆、水泥土搅拌等技术。

2.1.1　注浆加固技术

注浆加固技术指利用液压、气压或电化学原理，通过注浆管把某些能固化的浆液注入地层中土颗粒的间隙、土层的界面或岩层的裂隙内，使其扩散、胶凝或固化，以增加地层强度、降低地层渗透性、防止地层变形、改善地基土的物理力学性质和进行托换的地基处理技术。

1. 浆液材料选择

注浆加固中所用的浆液是由主剂(原材料)、溶剂(水或其他溶剂)及各种外加剂组合而成的。通常所指的浆液材料是指浆液中所用的主剂。浆液材料常分为粒状浆材和化学浆材两个系统，而根据材料的不同特点又可分为不稳定粒状浆材、稳定粒状浆材、无机化学浆材及有机化学浆材四类，一般分类如图 2-1 所示。

选择浆液材料时应考虑到浆液的流动性、胶凝时间、稳定性、环保性、腐蚀性、耐化性、收缩性、与岩石混凝土等的黏结性以及结石体的强度等。一种浆液材料通常只符合其中几项要求。施工中要根据具体情况选用某一种较为合适的浆液材料。

2. 注浆理论

在地基处理中，注浆工艺所依据的理论主要可归纳为以下四类：渗透注浆、劈裂注浆、压密注浆、电动化学注浆。

3. 注浆施工工艺

1)注浆设备

注浆用的主要设备是钻孔机械、注浆泵、浆液搅拌机等，对于双液注浆(如水玻璃

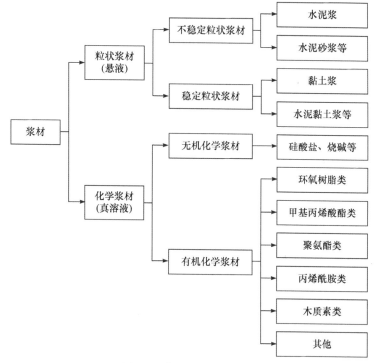

图 2-1　浆液材料的分类图

加水泥浆)还需要浆液混合器。钻孔机械及注浆泵型号很多，可根据工程需要及施工单位现有设备条件选用。

2)注浆施工工艺流程

注浆施工工艺流程如图 2-2 所示。

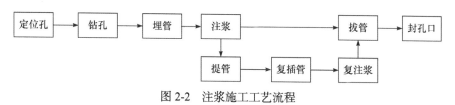

图 2-2　注浆施工工艺流程

(1)定位孔。在设计注浆孔的排列时，应当考虑注浆次序。一般原则是从外围进行围、堵、截，从内部进行填、压，以获得良好的注浆效果。注浆孔径一般为 70～110mm，垂直度偏差小于 1%。注浆压力与加固深度处的上覆压力、上层工业建筑物荷载、浆液黏度、灌注速度等有关。注浆过程中压力是变化的，一般情况下每加深 1m 压力增大 20～50kPa。

(2)钻孔。在土层上进行注浆施工，依据注浆设计要求的不同，一般应预成孔。但对一些工程要求不高、注浆深度较浅及范围较大的地层加固注浆时，可选用适当长度的钢管，并在其上布设一定量的射浆孔，用人工或机械将其打入地层；对注浆深度较深或阻力较大的砂砾石地层等加固注浆时，可采用振动钻机将头部开有注浆孔的钻杆打入需注浆的深度进行注浆。而对要求较高的注浆工程，宜先预成孔，成孔方法可采用冲击钻进和回转钻进。

(3) 埋管。注浆管的埋置应尽量靠近注浆场地，且机械设备应放在面积较大的场地上，这样既安全又便于操作。同时，注浆操作时，应把从注浆管排出的废液集中到沉淀池中，沉淀之后再向外排放，防止对周围环境造成污染。

(4) 注浆。当钻孔钻至设计深度时，必须通过钻杆注入封闭泥浆，直到孔口溢出泥浆方可提杆，当提杆至中间深度时，应再次注入封闭泥浆，最后完全提出钻杆。封闭泥浆的 7 天无侧限抗压强度宜为 0.3～0.5MPa，浆液黏度为 80～90s。复注浆情况为二次注浆，即当一次注浆进浆量过大时或在需要重点加固的地基区段，还需要进行二次注浆。冒浆是注浆施工中常见的现象，当注浆深度浅而注浆压力又过大时常会造成地层上抬，导致浆液顺上抬裂缝外冒，有时也可能沿管壁上冒。当出现冒浆时，应暂停注浆，待浆液凝固后再注浆，如此反复几次即可将上抬裂缝通道堵死，或者改变配合比，缩短浆液凝固时间，使其流出注浆管后在很短时间内就能凝固。

(5) 拔管。灌浆结束后要及时拔管并清洗，否则浆液凝结会造成拔管困难或注浆管堵塞。拔管时宜采用拔管机。用塑料阀管注浆时，注浆芯管每次上拔高度应为 330mm；用花管注浆时，花管每次上拔或下钻高度宜为 500mm。拔出管后，应及时刷洗注浆管等。

(6) 封孔口。拔出管时在土中留下的孔洞，应用水泥砂浆或土料填塞。

4. 注浆质量检验

注浆效果评估时可通过静力或动力触探试验确定加固土体密实度及强度的变化，钻孔取样测定加固土体的抗压强度，开剖量测加固体的外形尺寸，通过静载荷试验或浸水载荷试验确定加固土体的承载力及湿陷性消除效果等。必要时还可通过钻孔弹性波试验测定加固土体的动弹性模量和剪切模量，或用电探法与放射性同位素法测定浆液的注入范围等。

2.1.2 高压喷射注浆技术

高压喷射注浆技术也称旋喷法或高喷法，它是由化学注浆结合高压射流切割技术发展起来的，成为加固软弱土体的一种地基处理技术。高压喷射注浆的施工工艺是采用钻机先钻进至预定深度后，在钻杆端部安装特制的喷嘴，以高压设备使浆液或水成为大于 20MPa 的高压流并从喷嘴中喷射出来，冲击破坏土体，同时，钻杆以一定速度渐渐向上提升，将浆液与土粒强制搅拌混合，从而形成一个水泥土固结体，以达到加固地基的目的。高压喷射注浆的三种形式如图 2-3 所示。

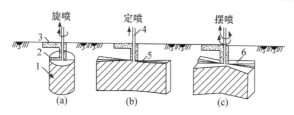

图 2-3 高压喷射注浆的三种形式

1-桩；2-射流；3-冒浆；4-喷射注浆；5-板；6-墙

1. 适用范围

（1）增加地基强度、提高地基承载力、减少土体压缩变形，因而用以加固新建筑物地基和既有建筑物地基。

（2）增大土的摩擦力和黏聚力，防止小型坍方滑坡。

（3）减少设备基础振动，防止砂土液化。

（4）降低土的含水量，防止地基冻胀。

2. 施工特点

（1）高压喷射注浆适用于处理淤泥、淤泥质土、流塑或软塑黏性土、粉土、砂土、人工填土和碎石土等地基，因此适用的地层较广。当土中含有较多的大粒径块石、大量植物根茎或过多的有机质时，应根据现场试验结果确定其适用程度。

（2）固结体的质量明显提高，既可用于工程新建之前，又可用于竣工后既有建筑物的托换工程，可不损坏建筑物的上部结构，有时甚至不影响使用功能，使运营照旧。

（3）施工时只需在土层中钻一个孔径为 50～90mm 的小孔，便可在土中喷射成直径为 0.4～2.5m 的水泥土固结体，因而施工时能贴近既有建筑物，成形灵活，施工简便，既可在钻孔的全长形成柱形固结体，也可仅作其中一段。

（4）在施工中可调整旋转速度和提升速度，增减喷射压力或更换喷嘴孔径以改变流量，根据工程设计的需要，可控制固结体形状。

（5）浆液料源广阔。在地下水流速快、含腐蚀性，土的含水量大或固结体强度要求高的情况下，可在水泥中掺入适量的外加剂，以达到速凝、高强、抗冻、耐蚀等效果。

（6）高压喷射注浆全套设备简单、结构紧凑、体积小、机动性强、占地少，能在狭窄和低窄的空间施工，且振动小和噪声低。

3. 施工工艺

1）工艺类型

高压喷射注浆法基本工艺类型包括单管法、二重管法、三重管等。

（1）单管法。单管法是利用钻机把安装在注浆管（单管）底部侧面的特殊喷嘴，置入土层预定深度后，用高压泥浆泵等装置，以大于 20MPa 的压力，把浆液从喷嘴中喷射出去冲击破坏土体，同时借助注浆管的旋转和提升运动，使浆液与从土体上崩落下来的土搅拌混合，经过一定时间凝固，在土中形成圆柱状固结体，如图 2-4 所示。

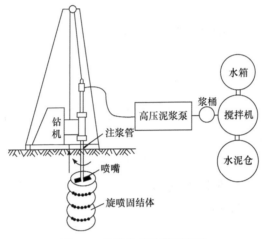

图 2-4 单管旋喷注浆示意图

(2)二重管法。二重管法是使用双通道的二重注浆管，将二重注浆管钻进到土层的预定深度后，通过在管底部侧面的一个同轴双重喷嘴，同时喷射出高压浆液和空气两种介质的喷射流冲击破坏土体。即以高压泥浆泵等高压发生装置喷射出 20MPa 以上压力的浆液，从内喷嘴中高速喷出，并用 0.7MPa 左右的压力把压缩空气从外喷嘴中喷出。在高压浆液和外圈环绕气流的共同作用下，破坏土体的能量显著增大，喷嘴一面喷射一面旋转和提升，最终在土中形成圆柱状固结体，如图 2-5 所示。

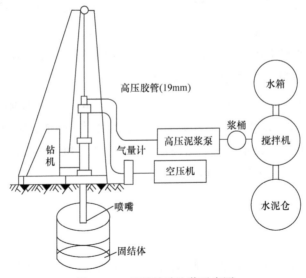

图 2-5 二重管旋喷注浆示意图

（3）三重管法。三重管法是使用分别输送水、气、浆三种介质的三重注浆管，在以高压泵等高压发生装置产生 20MPa 以上的高压水喷射流的周围，一般环绕 0.7MPa 左右的圆筒状气流，进行高压水喷射流和气流同轴喷射冲切土体，形成较大的空隙，由泥浆泵注入压力为 2～5MPa 的浆液填充，喷嘴做旋转和提升运动，最终便在土中凝固为直径较大的圆柱状固结体，如图 2-6 所示。

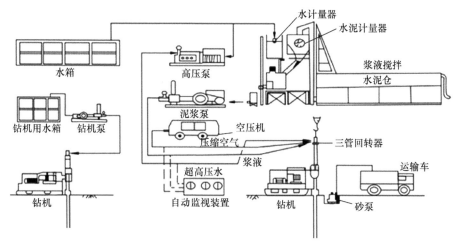

图 2-6　三重管旋喷注浆示意图

2）施工机具

施工机具主要由钻机和高压发生设备两大部分组成。喷嘴是影响喷射质量的主要因素之一。喷嘴通常有圆柱形、圆锥形和流线形三种，以流线形喷嘴的射流特性最好，但这种喷嘴极难加工，在实际工作中很少采用。

喷嘴内圆锥角的大小对射流的影响也是比较明显的。试验表明，当圆锥角为 13°～14°时，由于收敛断面直径约等于出口断面直径，流量损失很小，喷嘴的流速流量值较大。在实际应用中，圆锥形喷嘴的进口端增加了一个渐变的喇叭口形的圆弧角 Φ，使其更接近于流线形喷嘴，通过试验可知，在出口端增加一段圆柱形导流孔，其射流收敛性较好，如图 2-7 所示。不同的喷嘴形式如图 2-8 所示。

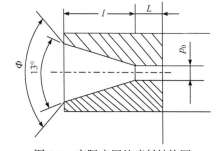

图 2-7　实际应用的喷射结构图

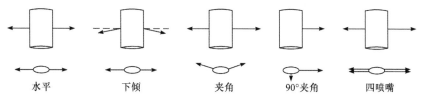

图 2-8　不同形式的喷嘴图

3) 施工工艺流程

虽然单管、二重管和三重管高压喷射注浆法所注入的介质种类和数量不同，施工技术参数也不同，但施工工艺流程基本一致，都是先把钻杆插入或打进预定土层中，自下而上进行喷射注浆作业。高压喷射注浆法施工工艺流程如图 2-9 所示。

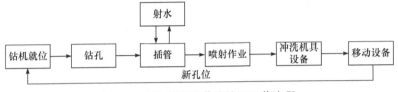

图 2-9　高压喷射注浆法施工工艺流程

(1) 钻机就位。钻机安放在设计的孔位上，并应保持垂直，喷管倾斜度不得大于 1.5%。

(2) 钻孔。单管旋喷常使用 76 型旋转振动钻机，钻进深度可达 30m，适用于标准贯入度小于 40 的砂土和黏性土层。当遇到比较坚硬的地层时，宜用地质钻机钻孔。一般在二重管或三重管旋喷法施工中都采用地质钻机钻孔，钻孔的位置与设计位置的偏差不得大于 50mm。喷射孔与高压泥浆泵的距离不宜过远。实际孔位、孔深和每个钻孔内的地下障碍物、洞穴、涌水、漏水及与岩土工程勘察报告不符等情况均应详细记录。

(3) 插管。插管是将喷管插入地层预定的深度，使用 76 型旋转振动钻机钻孔时，插管与钻孔两道工序合二为一，即钻孔完成时插管作业同时完成。若使用地质钻机钻孔完毕，必须拔出岩芯管，并换上喷管插入到预定深度。在插管过程中，为防止泥砂堵塞喷嘴，可边射水、边插管，水压力一般不超过 1MPa，若水压力过高，则易将孔壁射塌。

(4) 喷射作业。当喷管插入到预定深度后，由下而上进行喷射作业，常用的参数见表 2-1。当浆液的初凝时间超过 20h 时，应及时停止使用该水泥浆液，因为正常水灰比为 1.0 的情况下，初凝时间约为 15h。另外，喷管分段提升的搭接长度不得小于 100mm。对需要局部扩大加固范围或提高强度的部位，可采取复喷措施。在高压喷射注浆过程中若出现压力骤然下降、上升或冒浆异常，应查明产生的原因并及时采取措施。当高压喷射注浆完毕后，应迅速拔出注浆管。为防止浆液凝固收缩影响桩顶高程，必要时可在原位采用冒浆回灌或第二次注浆等措施。当处理既有建筑物地基时，应采用速凝浆液或跳孔喷射和冒浆回灌等措施，以防旋喷过程中地基产生附加变形，以及地基与基础间出现脱空现象。同时，应对既有建筑物进行沉降观测。

(5) 冲洗机具设备。喷射施工完毕后，应把注浆管等机具设备冲洗干净，管内和机内不得残存水泥浆，通常把浆液换成水，在地面上喷射，以便将管内的浆液全部排除。

(6) 移动设备。将钻机等机具设备移到新孔位上。

表 2-1 高压喷射注浆技术参数

高压喷射注浆种类			单管法	二重管法	三重管法
适用土质			砂土、黏性土、黄土、杂填土、小颗粒砂粒		
浆液材料及配方			以水泥为主材，加入不同的外加剂后具有速凝、早强、抗腐、防冻等特征，常用水灰比为 1:1，也可使用化学材料		
高压喷射注浆参数	水	压力/MPa	—	—	20
		流量/(L/min)	—	—	80～120
		喷嘴 孔径/mm	—	—	2～3
		喷嘴 个数	—	—	1～2
	空气	压力/MPa	—	0.7	0.7
		流量/(L/min)	—	1～2	1～2
		喷嘴 孔径/mm	—	1～2	1～2
		喷嘴 个数	—	1～2	1～2
	浆液	压力/MPa	20	20	2～5
		流量/(L/min)	80～120	80～120	80～150
		喷嘴 孔径/mm	2～3	2～3	10～2
		喷嘴 个数	2	1～2	1～2
注浆管外径/mm			42 或 45	42、50 或 75	75 或 90
提升速度/(cm/min)			20～25	10～30	5～20
旋转速度/(r/min)			约 20	10～30	5～20

4. 施工操作注意事项

（1）钻机或旋喷机就位时机座要平稳，立轴或转盘要与孔位对正，倾角与设计误差一般不得大于 0.5°。

（2）喷射注浆前要检查高压设备和管路系统。设备的压力和排量必须满足设计要求。管路系统的密封圈必须良好，各通道和喷嘴内不得有杂物。

（3）要预防风、水喷嘴在插管时被泥砂堵塞，可在插管前用一层塑料膜包扎好。

（4）喷射注浆时要注意设备开动顺序。以三重管法为例，应先空载启动空压机，待其运转正常后，再空载启动高压泵，然后同时向孔内送风和水，使风量和泵压逐渐升高至规定值。风、水畅通后，若是旋喷即可旋转注浆管，并开动泥浆泵，先向孔内送清水，待泵量、泵压正常后，即可将泥浆泵的吸水管移至储浆桶开始注浆。待估算水泥浆的前峰已流出喷嘴后，才可开始提升注浆管，自下而上喷射注浆。

（5）喷射注浆中需拆卸注浆管时，应先停止提升和旋转，同时停止送浆，然后逐渐减少风量和水量，最后停机。拆卸完毕继续喷射注浆时，开机顺序也要遵守第(4)条的规定，同时开始喷射注浆的孔段要与前段搭接 0.1m，防止固结体脱节。

（6）喷射注浆达到设计深度后，即可停风、停水，继续用泥浆泵注浆，待水泥浆从孔口泛出后，即可停止注浆，然后将泥浆泵的吸水管移至清水箱，抽吸定量清水以将泥浆泵和注浆管路中的水泥浆顶出，然后停泵。

(7)对于卸下的注浆管，应立即用清水将各通道冲洗干净，并拧上堵头。泥浆泵、送浆管路和浆液搅拌机等需用清水清净。压气管路和高压泵管路也要分别送风、送水冲洗干净。

(8)喷射注浆作业后，由于浆液的析水作用，一般均有不同程度收缩，使固结体顶部产生凹穴，所以应及时用水灰比为 0.6 的水泥浆进行补灌，并预防泥土或杂物进入。

(9)为了加大固结体尺寸，或对于深层硬土，为了避免固结体尺寸减小，可以采用提高喷射压力、泵量或降低旋转与提升速度等措施，也可以采用复喷工艺，第一次喷射(初喷)时不注水泥浆。初喷完毕后，将注浆管边送水边下降至初喷开始的孔深，再泵送水泥浆，自下而上进行第二次喷射(复喷)。

(10)采用单管法或二重管法喷射注浆时，冒浆量小于注浆量的 20%时为正常现象，超过 20%或完全不冒浆时，应查明原因并采取相应的措施。若是地层中有较大空隙所引起的不冒浆，可在浆液中掺加速凝剂或增大注浆量；若冒浆过大，可减少注浆量或加快提升和旋转速度，也可缩小喷嘴直径，提高喷射压力。采用三重管法喷射注浆时，冒浆量应大于高压水的喷射量，但其超过量应小于注浆量的 20%。

2.1.3 水泥土搅拌技术

水泥土搅拌法是用于加固饱和黏性土地基的一种新方法。它是利用水泥(或石灰)等材料作为固化剂，通过特制的搅拌机械，在地基深处就地将软土和固化剂(浆液或粉体)强制搅拌，由固化剂和软土间所产生的一系列物理-化学反应，使软土硬结成具有整体性、水稳定性和一定强度的水泥加固土，从而提高地基强度和增大变形模量。根据施工方法的不同，水泥土搅拌法分为水泥浆搅拌和粉体喷射搅拌两种。前者是用水泥浆和地基土搅拌，后者是用水泥粉或石灰粉和地基土搅拌。

1. 适用范围

1)适用土质与加固深度

水泥土搅拌法适用于处理各种成因的饱和软黏土：包括淤泥、淤泥质土、粉土、砂性土、泥炭土、含水量较高且地基承载力标准值不大于 120kPa 的黏性土等地基。对泥炭土或地下水 pH 低、有机质含量高的黏性土，宜通过试验确定其适用性。

加固深度主要取决于使用的搅拌机的动力大小及地基反力。国内目前采用的水泥土搅拌法的最大加固深度可达 30m(陆上)或 45m(海中)。

2)运用工程对象

水泥土搅拌法用途广泛，主要用于形成复合地基、支护结构、防渗帷幕等。此外，在砂性土或淤泥质砂性土中进行真空预压处理时，常采用水泥土搅拌法沿处理区域的外围边界喷入泥浆形成封闭的帷幕，以提高真空预压处理的效果。

2. 施工特点

与其他施工方法相比较，水泥土搅拌法具有施工工期短、无公害、成本低等特点。这种施工方法在施工过程中无振动、无噪声、无地面隆起，不排污、不污染环境，对相邻建筑物不产生有害影响，具有较好的综合经济效益和社会效益。

3. 加固机理

水泥加固土的物理-化学反应过程与混凝土的硬化机理不同，混凝土的硬化主要是在粗填充料中进行水解和水化作用，所以凝结速度较快。而在水泥加固土中，由于水泥掺量很小，水泥的水解和水化反应完全是在具有一定活性的介质——土的围绕下进行的，所以水泥加固土的强度增长过程比混凝土缓慢。其主要的加固机理为水泥的水解和水化反应、土颗粒与水泥水化物的作用(离子交换和团粒化作用、硬凝反应)、碳酸化作用。

4. 施工工艺

1)水泥浆搅拌法

水泥浆搅拌法施工工艺流程如图 2-10 所示。

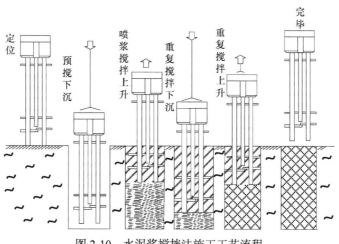

图 2-10　水泥浆搅拌法施工工艺流程

(1)定位。起重机(或塔架)悬吊搅拌机到达指定桩位，对中。当地面起伏不平时，应使起吊设备保持水平。

(2)预搅下沉。待搅拌机的冷却水循环正常后，启动搅拌机的电动机，放松起重机钢丝绳，使搅拌机沿导向架搅拌、切土下沉，下沉的速度可由电动机的电流监测表控制。工作电流不应大于 70A，如果下沉速度太慢，可从输浆系统补给清水以利钻进。

（3）制备水泥浆。待搅拌机下沉到一定深度时，即开始按设计确定的配合比拌制水泥浆，待压浆前将水泥浆倒入集料斗中。

（4）提升喷浆搅拌。搅拌机下沉到达设计深度后，开启灰浆泵将水泥浆压入地基中，边喷浆边旋转，同时严格按照设计确定的提升速度提升搅拌机。

（5）重复上、下搅拌。当搅拌机提升至设计加固深度的顶面标高时，集料斗中的水泥浆应正好排空。为使软土和水泥浆搅拌均匀，可再次将搅拌机边旋转边沉入土中，至设计加固深度后再将搅拌机提升出地面。

（6）清洗。向集料斗中注入适量清水，开启灰浆泵，清洗全部管路中残存的水泥浆，直至基本干净，并将黏附在搅拌头上的软土清洗干净。

（7）移位。重复上述步骤（1）～（6），再进行下一根桩的施工。

由于搅拌桩顶部与上部结构的基础或承台接触部分的受力较大，因此通常还可对桩顶 1.0～1.5m 范围内再增加一次输浆，以提高其强度。

2）粉体喷射搅拌法

粉体喷射搅拌法施工工艺流程如图 2-11 所示。

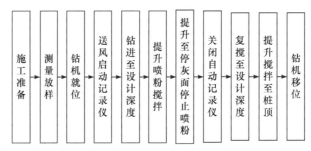

图 2-11　粉体喷射搅拌法施工工艺流程

（1）放样定位。

（2）移动钻机，准确对孔。对孔误差不得大于 50mm。

（3）利用支腿液压缸调平钻机，钻机主轴垂直度误差应不大于 1%。

（4）启动主电动机，根据施工要求，以Ⅰ、Ⅱ、Ⅲ档逐级加速的顺序，正转预搅下沉。钻至接近设计深度时，应用低速慢钻，钻机应原位钻动 1～2min。为保持钻杆中间送风通道的干燥，从预搅下沉开始到喷粉为止，应在轴杆内连续输送压缩空气。

（5）粉体材料及掺合量。使用的粉体材料，除水泥以外，还有石灰、石膏及矿渣等，也可使用粉煤灰等作为掺加料。国内工程中使用的主要是水泥粉体材料。使用水泥粉体材料时，宜选用 42.5 级普通硅酸盐水泥。其掺合量常为 180～240kg/m³。当使用低于 42.5 级普通硅酸盐水泥或选用矿渣水泥、火山灰水泥或其他种水泥时，使用前须在施工场地内钻取不同层次的地基土，在室内做各种配合比试验。

（6）提升喷粉搅拌。在确认加固料已喷至孔底时，按 0.5m/min 的速度反转提升。当提升到设计停灰标高后，应慢速原地搅拌 1～2min。

（7）重复搅拌。为保证粉体搅拌均匀，须再次将搅拌头下沉到设计深度。提升喷粉搅拌时，其速度控制在 0.5～0.8m/min。

（8）为防止空气污染，在提升喷粉距地面 0.5m 处时应减压或停止喷粉。在施工中孔口应设喷粉防护装置。

（9）提升喷粉过程中，须有自动计量装置。该装置为控制和检验喷粉桩的关键，应予以足够的重视。

（10）钻具提升至地面后，钻机移位对孔，按上述步骤进行下一根桩的施工。

5. 施工注意事项

1）水泥浆搅拌法

现场场地应予以平整，必须清除地上和地下一切障碍物。搅拌桩的垂直度偏差不得超过 1%，桩位布置偏差不得大于 50mm，桩径偏差不得大于 4%。施工前应确定搅拌机的灰浆泵输浆量、灰浆经输浆管到达搅拌机喷浆口的时间和起吊设备提升速度等施工参数，并根据设计要求通过成桩试验，确定搅拌桩的配合比等各项参数和施工工艺。制备好的浆液不得离析，泵送必须连续。为保证桩端的施工质量，当浆液达到喷浆口后，应喷浆座底 30s，使浆液完全到达桩端。特别是设计中考虑桩端承载力时，该点尤为重要。预搅下沉时不宜冲水，当遇到较硬土层下沉太慢时，方可适量冲水，但应考虑冲水成桩对桩身强度的影响。搅拌机凝浆提升的速度和次数必须符合施工工艺的要求，应有专人记录搅拌机每米下沉和提升的时间。深度记录误差不得大于 100mm，时间记录误差不得大于 5s。

2）粉体喷射搅拌法

（1）施工机械、电气设备、仪表仪器及机具等，在确认完好后方准使用。

（2）在建筑物旧址或回填区域施工时，应预先进行桩位探测，并清除已探明的障碍物。

（3）桩体施工中，若发现钻机不正常的振动、晃动、倾斜、移位等现象，应立即停钻检查。必要时应提钻重打。

（4）施工中应随时注意喷粉机/空压机的运转情况、压力表的显示变化及送灰情况。

（5）喷粉时灰罐内的气压应比管道内的气压高 0.02～0.05MPa，以确保正常送粉。

（6）对于地下水位较深、基底标高较高的场地或喷粉量较大、停灰面较高的场地，施工时应加水或在施工区地面加水，以使桩头部分的水泥充分水解、水化，以防桩头呈疏松状态。

2.2　基础处理技术

2.2.1　基础加固技术

旧建筑经过长期使用，常因基础底面积不足而使地基承载力或变形不满足规范要求，从而导致建筑物主体开裂或倾斜。或者由于基础材料老化、浸水、地震或施工质量等因素的影响，原有地基基础已显然不再满足使用需求，此时除需要对地基进行处理外，还应对基础进行加固处理，常使用的加固处理方法有增大基础支承面积、加强基础刚度、增大基础的埋置深度等方法。

1. 基础灌浆加固

旧建筑基础由于机械损伤、不均匀沉降或冻胀等原因引起开裂或损伤时，可采用灌浆(注浆)法加固基础，如图 2-12 所示。

施工时可在基础中钻孔，注浆管的倾角一般不超过 60°，孔径应比注浆管的直径大 2～3mm，在孔内放置直径为 25mm 的注浆管，孔距可取 0.5～1.0m。对单独基础，每边打孔不应少于 2 个，浆液可由水泥浆或环氧树脂等制成，注浆压力可取 0.2～0.6MPa，若 15min 内水泥浆未被吸收则应停止注浆，注浆的有效直径为 0.6～1.2m。对条形基础，施工应沿基础纵向分段进行，每段长度可取 1.5～2.0m。

对有局部开裂的砖基础，当然也可采用钢筋混凝土梁跨越缺陷段加固，如图 2-13 所示。

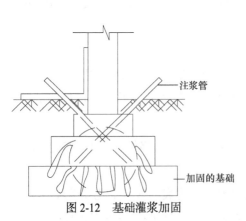

图 2-12　基础灌浆加固

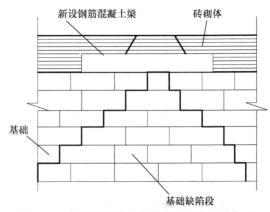

图 2-13　用钢筋混凝土梁跨越缺陷段基础加固

2. 加大基础底面积法

1)采用混凝土套或钢筋混凝土套加大基础底面积

旧建筑物的基础产生裂缝或基础底面积不足时，可用混凝土套或钢筋混凝土套加大基础。当原条形基础承受中心荷载时，可采用双面加宽，如图 2-14 所示；对单独柱基础，可沿基础底面四边扩大加固，如图 2-15 所示。当原基础承受偏心荷载，或受相邻建筑基础条件限制，或为沉降缝处的基础，或为了不影响室内正常使用时，可采用单面加宽，如图 2-16 所示。

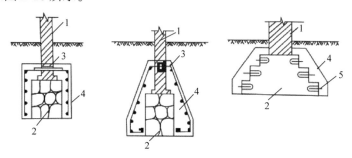

图 2-14　条形基础的双面加宽

1-原有墙身；2-原有墙基；3-墙脚钻孔穿钢筋，用环氧树脂填满再与加固筋焊牢；4-基础加宽部分；5-钢筋锚杆

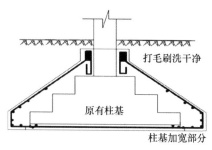

图 2-15　柱基四周加宽

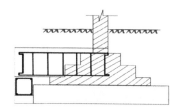

图 2-16　条形基础的单面加宽

当采用混凝土套或钢筋混凝土套时，应注意以下几点施工要求。

(1)为使新旧基础牢固联结，在灌注混凝土前应将原基础打毛并刷洗干净，再涂一层高标号水泥砂浆，沿基础高度每隔一定距离应设置锚固钢筋；也可在墙脚或圈梁处钻孔穿钢筋，再用环氧树脂填满，穿孔钢筋须与加固筋焊牢。

(2)对加套的混凝土或钢筋混凝土的加宽部分，地基上铺设的垫料及其厚度，应与原基础垫层的材料及厚度相同，使加套后的基础与原基础的基底标高和应力扩散条件相同且变形协调。

(3)对条形基础应按长度 1.5～2.0m 划分成许多单独区段，分别进行分批、分段、间隔施工，决不能沿基础全长挖成连续的坑槽和使全长上的地基土暴露过久，以免导致地基土浸泡软化，使基础随之产生很大的不均匀沉降。

2)改变浅基础形式加大基础底面积

图 2-17 为将柔性基础改为刚性基础。加套后的

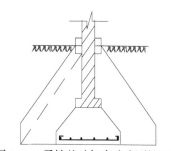

图 2-17　柔性基础加宽改为刚性基础

混凝土基础台阶宽高比(或刚性角)的允许值应符合《建筑地基基础设计规范》的有关规定。

当采用混凝土套或钢筋混凝土套加大基础底面积尚不能满足地基承载力和变形等的设计要求时，可将原单独基础改成条形基础或将原条形基础改成十字交叉条形基础、片筏基础或箱形基础，这样更能扩大基础底面积，用以满足地基承载力和变形的设计要求。

3)基础减压和加强刚度

对于软弱地基上的旧建(构)筑物，在设计时除做必要的地基处理外，还需要对上部结构采取某些加强建(构)筑物的刚度和强度，以及减少结构自重的结构措施，如选用覆土少、自重轻的箱形基础；调整各部分的荷载分布、基础宽度或埋置深度。对不均匀沉降要求严格或重要的建(构)筑物，必要时可选用较小的基底压力。对于砖石承重结构的建筑，其长高比宜小于或等于2.5，纵墙应不转折或少转折，内横墙间距不宜过大，墙体内宜设置钢筋混凝土圈梁，圈梁应设置在外墙、内纵墙和主要横墙上，并宜在平面内连成封闭体系。

当旧建(构)筑物由于地基的强度和变形不满足设计规范要求，使上部结构出现开裂或破损而影响结构安全时，同样可采取减少结构自重和加强建(构)筑物刚度和强度的措施。基础减压和加强刚度法在特定条件下，较其他托换技术，有工程费用低、处理方便和效果显著的优点。

2.2.2　基础托换技术

1. 锚杆静压桩施工

锚杆静压桩是将锚杆和静压桩两项技术巧妙结合而形成的一种桩基施工新工艺，是一项基础加固处理新技术，在旧建筑基础加固过程中得到了广泛应用。此类工法的加固机理类同于打入桩及大型压入桩，受力直接、清晰。但施工工艺既不同于打入桩，也不同于大型压入桩，在施工条件要求及"文明清洁施工"方面明显优越于打入桩及大型压入桩。该工法施工质量的可靠性和技术的优越性，使其在上百项既有建筑地基基础加固中成功地得到应用。特别是在完成难度很大的工程中，显示出了无比的优越性。其工艺是在需进行基础加固的既有建筑物基础上按设计开凿压桩孔和锚杆孔，用黏结剂埋好锚杆，然后安装压桩架与建筑物基础连为一体，并利用既有建筑物的自重作用力，用千斤顶将预制桩段压入土中，桩段间用硫磺胶泥连接或焊接连接。当压桩力或压入深度达到设计要求后，将桩与基础用微膨胀混凝土浇筑在一起，桩即可受力，从而达到提高地基承载力和控制沉降的目的。锚杆静压桩装置示意图如图 2-18 所示。

1）方法概述

（1）保证工程质量。采用锚杆静压桩加固，传荷过程和受力性能非常明确，在施工中可直接测得实际压桩力和桩的入土深度，对施工质量有可靠保证。

（2）做到文明清洁施工。压桩施工过程中无振动、无噪声、无污染，对周围环境无影响，做到文明清洁施工。非常适用于密集居民区内的地基加固施工，属于环保型工法。

（3）施工条件要求低。由于压桩施工设备轻便、简单、移动灵活、操作方便，可在狭小的空间内进行压桩作业，并可在车间不停产、居民不搬迁的情况下进行基础托换加固。这给既有建筑基础托换加固创造了良好的施工条件。

（4）对建（构）筑物可实现可控纠倾。锚杆静压桩配合掏土或冲水可成功地应用于既有倾斜建筑的纠倾工程中。由于止倾桩与保护桩共同工作，从而可对既有倾斜建筑实现可控纠倾。

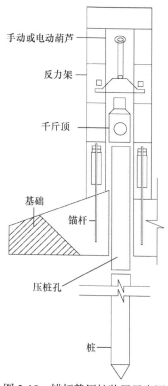

图 2-18　锚杆静压桩装置示意图

2）施工工艺

（1）施工工艺流程。

锚杆静压桩施工工艺流程如图 2-19 所示。

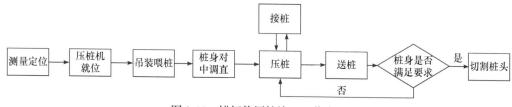

图 2-19　锚杆静压桩施工工艺流程

① 测量定位：在桩身中心打入一根短钢筋，若在较软的场地上施工，由于压桩机的行走而挤压预打入的短钢筋，故当压桩机基本就位之后要重新测定桩位。

② 压桩机就位：压桩机行至桩位处，使压桩机夹持钳口中心（可挂中心线锤）与地面上的样桩基本对准，调平压桩机后，再次校核无误，将长步履落地受力。

③ 吊装喂桩：静压预制桩桩节长度一般在 12m 以内，可直接用压桩机上的工作调机自行吊装喂桩，也可以配备专门调机进行吊装喂桩。第一节桩（底桩）应用带桩尖的

桩,当桩被运到压桩机附近后,一般采用单点吊法起吊,采用双千斤(吊索)加小扁担(小横梁)的起吊法可使桩身竖直进入夹桩的钳口中。当采用硫磺胶泥接桩法时,起吊前应检查浆锚孔的深度并将孔内的杂物和积水清理干净。

④ 桩身对中调直:桩被吊入夹桩的钳口后,由指挥员指挥驾驶员将桩缓慢降到桩尖离地面 10cm 左右为止,然后加紧桩身,微调压桩机使桩尖对准桩位,并将桩压入土中 0.5~1.0m,暂停下压,再从桩的两个正交侧面校正桩身垂直度,当桩身垂直度偏差小于 0.5%时才可正式压桩。

⑤ 压桩:通过主机的压桩油缸伸程的力将桩压入土中,压桩油缸的最大行程因不同型号的压桩机而有所不同,一般为 1.5~2.0m,所以每一次下压,桩入土深度为 1.5~2.0m,然后松夹具→上升→再夹紧→再压,如此反复进行,方可将一节桩压下去。当一节桩压到其桩顶离地面 80~100cm 时,可进行接桩或放入送桩器将桩压至设计标高。

⑥ 接桩:常用接头形式有电焊焊接和硫磺胶泥锚固接头。电焊焊接施工时,焊前须清理接口处的砂浆、铁锈和油污等杂质,坡口表面要呈金属光泽,加上定位板。接头处若有孔隙,应用楔形铁片全部填实焊牢。焊接坡口槽应分 3~4 层焊接,每层焊渣应彻底清除,焊接采用人工对称堆焊,预防气泡和夹渣等焊接缺陷。焊缝应连续饱满,焊好接头自然冷却 15min 后方可施压,禁止用水冷却或焊好即压。

(2)施工组织设计。

编制的施工组织设计,应包括:针对设计压桩力所采用的施工机具与相应的技术组织、劳动组织和进度计划;在设计桩位平面图上标清桩号及沉降观测点;施工中的安全防范措施;针对既有建筑托换加固拟定的压桩施工流程;压桩施工中应该遵守的技术操作规定;工程验收所需必备的资料与记录。

(3)施工技术。

压桩施工应遵守的技术操作如下。

① 压桩架要保持垂直,应均衡拧紧锚固螺栓的螺帽,在压桩施工过程中,应随时拧紧松动的螺帽。

② 桩段就位必须保持垂直,使千斤顶与桩段轴线保持在同一垂直线上,可用水平尺或线锤对桩段进行垂直度校正,不得偏压。当压桩力较大时,桩顶应垫 3~4cm 厚的麻袋,其上垫钢板再进行压桩,防止桩顶压碎。

③ 压桩施工时不宜数台压桩机同时在一个独立柱基础上施工。施工期间,压桩力总和不得超过既有建筑物的自重,以防止基础上抬造成结构破坏。

④ 压桩施工不得中途停顿,应一次到位。当不得已必须中途停顿时,桩尖应停留在软弱土层中,且停歇时间不宜超过 24h。

⑤ 采用硫磺胶泥接桩时，上节桩就位后应将插筋插入插筋孔中，检查重合无误且间隙均匀后，将上节桩吊起 10cm，装上硫磺胶泥夹箍，浇筑硫磺胶泥，并立即将上节桩保持垂直放下，接头侧面应平整光滑，上下桩面应充分黏结，待接桩中的硫磺胶泥固化后（一般气温下，经 5min 硫磺胶泥即可固化），才能开始继续压桩施工。

⑥ 熬制硫磺胶泥的温度应严格控制在 140～145℃，浇筑时温度不得低于 140℃。

⑦ 采用焊接接桩时，应清除表面铁锈，进行满焊，确保质量。

⑧ 桩顶未压到设计标高时（已满足压桩力要求），必须经设计单位同意对外露桩头进行切除。

⑨ 桩与基础的连接（即封桩）是整个压桩施工中的关键工序之一，必须认真进行，封桩施工流程框图如图 2-20 所示。

（4）施工质量检查。

托换加固的压桩工程验收时，施工单位应提交竣工报告，竣工报告中的资料通常为：带有桩位编号的桩位平面图，桩材试块强度报告，封桩混凝土试块强度报告，硫磺胶泥出厂检验合格证，抗压、抗拉试块强度报告，压桩记录汇总表，压桩曲线，沉降观测资料汇总图表，隐蔽工程自检记录，根据设计要求提供单桩荷载试验资料。

对每道工序必须进行质量检查，具体内容包括：桩段规格、尺寸、标号需完全符合设计要求，桩段应按标号的设计配合比制作，制作的同时需做试块，检验其强度；压桩孔孔位需与设计位置一致，其平面位置偏差不得超过 ±20mm；后凿的压桩孔的形状为上下尺寸都为桩边长加 50mm 的正方柱直孔；锚杆尺寸、构造、埋深与压桩孔的

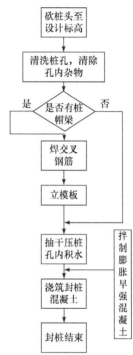

图 2-20　封桩施工流程框图

相对平面位置必须符合设计及施工组织设计要求；桩段连接接头及后埋螺栓所用的硫磺胶泥必须按重量配合比配制，其配合比一般为硫磺：水：砂：聚硫橡胶=44：11：44：1；若用钢板或角钢连接接头，则需除锈，焊接尺寸、质量需按设计要求及有关施工规程进行检验；压桩时桩段的垂直度偏差不得超过 1.5%的桩段长；压桩力必须根据设计要求进行检验，桩的入土深度可根据设计要求进行商榷检验；封桩前，压桩孔内必须干净、无水，检查桩帽梁、交叉钢筋及焊接质量，膨胀早强混凝土必须按标号的设计配合比进行配制。

2. 坑式静压桩施工

坑式静压桩（也称压入桩或顶承静压桩）是在已开挖的基础下托换坑内，利用建筑

物上部结构的自重作支承反力，用千斤顶将预制好的钢管桩或钢筋混凝土桩段接长后逐段压入土中的托换方法，坑式静压桩也是将千斤顶的顶升原理和静压桩技术融为一体的托换技术新方法。

1）方法概述

（1）按施工顺序的不同，坑式静压桩施工过程有先压桩加固基础，后加固上部结构，也有先加固上部结构，后压桩加固基础。如果承台梁的底面积或强度不够，则可先加固或加宽承台梁后再压桩托换加固。

（2）按桩材料的不同，坑式静压桩可分为钢管桩和预制钢筋混凝土桩两类，有时为节省工程造价，经试验合格后也可利用废旧钢管或型钢作为桩的材料。

2）施工工艺

坑式静压桩是在工业建筑物（乃至危房建筑物）基础底下进行施工作业，难度大且有一定的风险性，所以施工时必须要有详尽的施工组织设计、严格的施工程序和具体的施工操作方法。坑式静压桩施工工艺流程如图 2-21 所示。

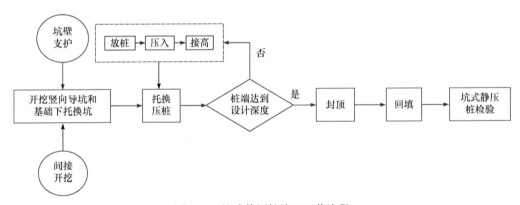

图 2-21　坑式静压桩施工工艺流程

（1）开挖竖向导坑和基础下托换坑。

施工时先在贴近被托换既有建筑物的一侧，由人工开挖一个长×宽约为 1.5m×1.0m 的竖向导坑，直至挖到比原有基础底面下再深 1.5m 处；再将竖向导坑朝横向扩展到基础梁、承台梁或基础板下，垂直开挖长×宽×深约为 0.8m×0.5m×1.8m 的托换坑；对于坑壁不能直立的砂土或软弱土，要对坑壁进行适当支护。为保护建筑物的安全，托换坑不得连续开挖，必须进行间隔式的开挖和托换加固。

（2）托换压桩。

托换压桩时，先在托换坑内垂直放正第一节桩，并在桩顶上加钢垫板，再在钢垫板上安装千斤顶及压力传感器，校正好桩的垂直度后驱动千斤顶加荷，千斤顶的荷载反力即为建筑物的重量。每压入一节桩，再接上另一节桩，桩管接口可用电焊焊接。

桩经交替顶进和接高，直至桩端达到设计深度。

若使用混凝土预制桩，也同样使用上述压桩程序压入、接高、再压入、再接高，直至桩端达到设计深度，或桩阻力满足设计要求。

在压桩过程中，应随时记录压入深度及相应的桩阻力，并须随时校正桩的垂直度。

必须注意的是，当日开挖的托换坑应当日托换完毕，在不得已的情况下，如当日施工不完，切不可撤除千斤顶，决不可使基础和承台梁处于悬空状态。

（3）封顶和回填。

当钢管桩压桩到位后要拧紧钢垫板上的大螺栓，即顶紧螺栓下的钢管桩。如果场地是基本烈度为 7 度或 7 度以上的抗震区，则螺栓、钢垫板和钢管之间都应该用电焊焊牢。

对于采用钢筋混凝土的静压桩，回填和封顶应同时进行，或先回填后封顶，即从坑底每层回填夯实至一定深度后，再支模并在桩周围浇灌混凝土。

对于钢管桩，一般不需在桩顶包混凝土，只需用素土或灰土回填夯实到顶即可。封顶回填时，应根据不同的工程类型，确定封顶回填的施工方案。通常采用在封顶混凝土里掺加膨胀剂或预留空隙后填实的方法（在离原有基础底面 80mm 处停止浇筑，待养护两天后，再将 1:1 的干硬性水泥砂浆塞进 80mm 的空隙内，用铁锤锤击短木，使填塞位置处的砂浆得到充分捣实成为密实的填充层，在国外，这种填实的方法称为干填）。

（4）坑式静压桩检验。

每根坑式静压桩的压桩过程，就是一次没有压到屈服点的桩垂直静载荷试验。压桩到最后最大的实测桩阻力和变形一般都在比例极限范围内成线性关系。尽管试验时将实测桩阻力为设计单桩承载力的 1.5 倍定为终止压桩界线，但实际的安全系数要比 1.5 大得多。此外，由于桩静压到位后还有滞后的时间效应，随着时间的增长，桩的承载力也会提高，所以最终的压桩力一般不用单独检验。

3. 树根桩施工

相较于其他方法，树根桩法具有噪声小、施工场地小、施工方便等优点，在基础加固改造过程中得到了广泛采用。树根桩是一种小直径的钻孔灌注桩，其直径通常为 100～300mm，国外是在钢套管的导向下用旋转法钻进，在托换工程中使用时，往往要钻穿原有建筑物的基础进入地基土中直至设计标高，清孔后下放钢筋（钢筋数量从一根到数根，视桩径而定），同时放入注浆管，再用压力注入水泥浆或水泥砂浆边灌、边振、边拔管（升浆法）而成桩。也可放入钢筋笼后再放碎石，然后注入水泥浆或水泥砂浆而成桩。上海等多数地区施工时都是不带套管的。根据设计需要，树根桩可以是垂直的或倾斜的，也可以是单根的或成排的，可以是端承桩，也可以是摩擦桩。

有的树长在山岭上和丛林中，虽经风雨摇撼和岁月沧桑，仍可数百年屹立不倒，这主要是由于其根深蒂固，其根系在各个方向与土牢固地连接在一起，树根桩的加固设想便由此而来，因其桩基形状如树根而得名。英美各国将树根桩列入地基处理中的加筋法范畴。

1) 方法概述

由于使用小型钻机，故所需施工场地较小，只要有平面尺寸 1m×1.5m 和净空高度 2.5m 即可施工；施工时噪声小，机具操作时振动也小，不会给原有结构物的稳定带来任何危险，对已损坏而又需托换的建筑物比较安全，即使在不稳定的地基中也可进行施工；施工时因桩孔很小，故而对墙身和地基土都不产生任何次应力，仅仅是在灌注水泥砂浆时使用了压力不大的压缩空气，所以托换加固时不存在对墙身的危险；也不扰动地基土和干扰建筑物的正常工作情况。树根桩的特点不是把原来的平衡状态弃之不顾，而是严格地保持它，如图 2-22 所示。

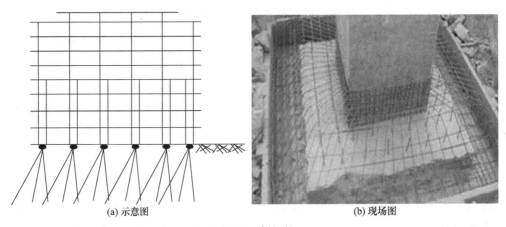

(a) 示意图　　　　　　　　　　　　　　　　(b) 现场图

图 2-22　树根桩

树根桩所有施工操作都可在地面上进行，因此施工比较方便；压力灌浆使桩的外表面比较粗糙，使桩和土间的附着力增加，从而使树根桩与地基土紧密结合，使桩和基础成一体，因而经树根桩加固后，结构整体性得到大幅度改善；它可适用于碎石土、砂土、粉土、黏性土、湿陷性黄土和岩石等各类地基土；由于在地基的原位置上进行加固，竣工后的加固体不会损伤原有建筑的外貌和风格。

2) 施工工艺

树根桩施工工艺流程如图 2-23 所示。

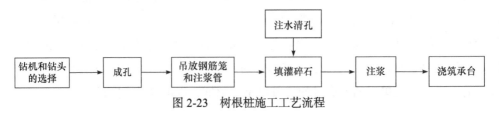

图 2-23　树根桩施工工艺流程

(1)钻机和钻头的选择。

根据施工设计要求、钻孔孔径大小和场地施工条件选择钻机机型,一般都是采用工程地质钻机或采矿钻机。对斜桩可选择任意调整立轴角度的油压岩芯回转钻机,由于施工钻进时往往受到净空低的条件限制,因此需配制一定数量的短钻具和短钻杆。

在混凝土基础上钻进开孔时可采用牙轮钻头、合金钢钻头或钢粒钻头;在软黏土中钻进时可选用合金肋骨式钻头,使岩芯管与孔壁间增大一级环状间隙,防止软黏土缩径造成事故。

钻机就位后,按照施工设计的钻孔倾角和方位,调整钻机的方向和立轴的角度,安装机械设备要求牢固和平衡。

钻机定位后,桩位偏差应控制在 20mm 内,直桩的垂直偏差应不超过 1%;应按设计要求对斜桩的倾斜度进行相应的调整。

(2)成孔。

在软黏土中成孔一般都可采用清水护壁,只要熟练施工操作,就可确保施工质量。在饱和软土地层中钻进时,经常会遇到粉砂层(即流砂层),有时会出现缩孔和塌孔现象,因此应采用泥浆护壁。

钻机转速一般为 220r/min,液压的压力为 1.5～2.5MPa,配套供水压力为 0.1～0.3MPa。在饱和软土地层中钻进时一般不用套管护孔,仅在孔口处设置一段 1m 以上的套管,套管应高出地面 10cm,以防钻具碰撞压坏孔口。钻孔到设计标高后必须清孔,控制供水压力的大小,直至孔口基本溢出清水。

(3)吊放钢筋笼和注浆管。

应尽可能一次吊放整根钢筋笼,分节吊放时节间钢筋搭接必须错开。焊缝长度不小于 10 倍钢筋直径(双面焊),注浆管可采用直径为 20mm 的无缝钢管,在接头处应采用内缩节,使外管壁光滑,便于拔出。注浆管的管底口需用黑胶布或聚氯乙烯胶布封住。有时为了提高树根桩的承载力而采用二次注浆的成桩法,这样就要放置两根注浆管。一般二次注浆管做成花管形式,在管底口以上 1.0m 范围做成花管,其孔眼直径为0.8cm,纵向四排,间距为 10cm,然后用聚氯乙烯胶布封住,防止放管时水泥浆或第一次注浆时的水泥浆进入管内。注浆管一般是在钢筋笼内一起放到钻孔中的,施工时应尽量缩短吊放和焊接时间。

(4)填灌碎石。

钢筋笼和注浆管置入钻孔后,应立即投入用水清洗过的粒径为 5～25mm 的碎石,当钻孔深度超过 20m 时,可分两次投入。碎石应计量投入孔口填料漏斗内,并轻摇钢筋笼促使石子下沉和密实,直至填满桩孔。填入量应不小于计算体积的 80%～90%,在填灌过程中应始终利用注浆管注水清孔。

(5)注浆。

注浆时宜采用能兼注水泥浆和砂浆的注浆泵，工作压力应不小于 1.5MPa。注浆时应控制压力，使浆液均匀上冒(俗称升浆法)。注浆管可在注浆过程中随注随拔。但注浆管一定要埋入水泥浆中 2～3m，以保证浆体质量。注入水泥浆时，碎石孔隙中的泥浆被比重较大的水泥浆所置换，直至水泥浆从孔口溢出。

注浆压力是随桩长而增加的，当桩长为 20m 时，其压力为 0.3～0.5MPa；当桩长为 30m 时，其压力为 0.6～0.7MPa。当采用二次注浆工艺时，在第一次水泥浆液达到初凝(一般控制在 60min 内)后，才能进行第二次注浆，二次注浆除要冲破封口的聚氯乙烯胶布外，还要冲破初凝的水泥浆液的凝聚力并剪裂周围土体，从而会产生劈裂现象，第二次注浆压力一般为 2～4MPa。因此，用于二次注浆的注浆泵的额定压力不宜低于 4.0MPa。上海的地区经验表明，经二次注浆后，桩的承载力可提高 25%～40%。

对于浆液的配制，通常采用 42.5 级普通硅酸盐水泥，砂料需过筛，配制中可加入适量减水剂及早强剂。纯水泥浆的水灰比一般采用 0.4～0.55。

由于压浆过程会引起振动，使桩顶部石子有一定数量的沉落，故在整个压浆过程中应逐渐投入石子至桩顶，当浆液泛出孔口时，压浆才告结束。

(6)浇筑承台。

树根桩用作承重、支护或托换等情况时，为使各根桩能联系成整体和加强刚度，通常都需浇筑承台，此时应凿开树根桩桩顶的混凝土，露出钢筋，锚入所浇筑的承台内。

3)施工注意事项

(1)下套管。

施工中当不下套管会出现缩颈或塌孔现象时，应将套管下到产生缩颈或塌孔的土层深度以下。

(2)注浆。

注浆管的埋设应离孔底标高 200mm，从开始注浆起，对注浆管要进行不定时的上下松动，在注浆结束后要立即拔出注浆管，每拔 1m 必须补浆一次，直至拔出。

注浆施工时应防止出现穿孔和浆液沿砂层大量流失的现象。穿孔是指浆液从附近已完工的桩顶冒出，其原因是相邻桩施工间隔时间太短和桩距太小，可采用跳孔施工、间歇施工或增加速凝剂掺量等措施来防范上述现象。额定注浆量应不超过按桩身体积计算的量的 3 倍，当注浆量达到额定注浆量时应停止注浆。用以防渗漏的树根桩，允许在水泥浆液中掺入不大于 30%的磨细粉煤灰。

(3)桩顶标高。

注浆后由于水泥浆收缩较大，故在控制桩顶标高时，应根据桩截面和桩长的大小，采用高于设计标高 5%～10%的施工标高。

2.2.3　基础加深技术

原地基承载力和变形不能满足上部结构的荷载要求时，除采用增加基础底面积的方法外，还可将基础落深在较好的新持力层上，即基础加深法，又称为墩式托换法或坑式托换法。基础加深法适用于地基浅层有较好的土层作为基础持力层，且地下水位较低的情况。若地下水位较高，则应根据需要采取相应的降水或排水措施。由于该工法施工质量的可靠性和技术的优越性，故其在上百项既有建筑基础加固中成功地得到应用。特别是在完成难度很大的工程中，显示出了无比的优越性。因此，其广泛应用于工程实践中。

1. 适用范围

(1) 基础加深法适用于土层易于开挖的基础。

(2) 适用于开挖深度范围内无地下水，或者虽有地下水但采取降低地下水位措施较为方便的基础，因为此类方法难以解决在地下水位以下开挖后所产生的水土流失问题，故坑深一般都不大。

(3) 既有建筑物的基础最好为条形基础，即该基础可在纵向对荷载进行调整，起梁的作用。

2. 优缺点

基础加深法最大的优点在于其费用低、施工简便，且由于加深处理工作大部分是在建筑物的外部进行的，所以在施工期间仍可使用该建筑物。

缺点是施工工期比较长，并且由于建筑物的荷载被置换到了新的地基土上，所以对于被处理的建筑物主体而言，将会产生一定的新的附加沉降，但这也是其他基础加固法和基础托换法均无法完全避免的问题。

3. 施工要点

(1) 混凝土墩可以是间断的或连续的，如图 2-24 所示，主要取决于被加深结构的荷载和坑下地基土承载力值的大小。

进行间断的基础加深施工应满足建筑物荷载条件对坑底土层的地基承载力要求。当间断墩的底面积不能对建筑物荷载提供足够支承时，可设置连续墩式基础。施工时应首先设置间断墩以提供临时支撑，当开挖间断墩间的土时，可先将坑的侧板拆除，再在挖掉墩间土的坑内灌注混凝土，再进行干填砂浆后就形成了连续的混凝土墩式基础。由于拆除了坑侧板后，坑的侧面必然很粗糙，可起楔键的作用，故在坑间不需另作楔键。

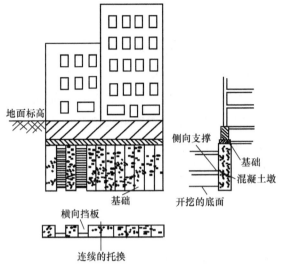

图 2-24　间断的和连续的混凝土加深法施工

(2)德国工业标准 DIN4123 规定当坑井宽度小于 1.25m，坑井深度小于 5m，建筑物高度不大于 6 层，开挖的坑井间距不小于单个坑井宽度的 3 倍时，允许不经力学验算就在基础下直接开挖小坑。

(3)当基础墙为承重的砖石砌体、钢筋混凝土基础梁时，对间断墩式基础，该墙基可从一墩跨越另一墩。若发现原有基础的结构构件的抗弯强度不足以在间断墩间跨越，则有必要在坑间设置过梁以支承基础。此时，在间断墩的坑边作一凹槽，作为钢筋混凝土梁、钢梁或混凝土拱的支座，并在原来的基础底面下进行干填。

(4)对大的柱基采用基础加深处理时，可将柱基面积划分成几个单元进行逐坑加深处理。单坑尺寸视基础尺寸大小而异，但在托换柱子而不加临时支撑的情况下，通常一次柱子加深处理的面积不宜超过基础支承面积的 20%，这是有可能做到的，因为活载实际上并不都存在，所以设计荷载一般都是保守的。由于柱子中心处的荷载最为集中，这就有可能首先从角端处开挖托换的墩。

(5)在框架结构中，上部各层的柱荷载可传递给相邻的柱子，所以理论上的荷载不会全部作用在被加深的基础上，因而千万不要在相邻柱基上同时进行加深处理工作。一旦在一根柱子处开始加深处理后，就要不间断地进行到施工结束为止。

(6)若在混凝土墩式基础修筑后，预计附近会进行打桩或开挖深坑，则在混凝土基础加深处理施工时，可预留安装千斤顶的凹槽，使今后有可能安装千斤顶来顶升建筑物，从而调整不均匀沉降，这就是维持性托换。

4. 施工步骤

(1)在贴近被加深处理的基础侧面，由人工开挖一长×宽为 1.2m×0.9m 的竖向导坑，并挖到比原有基础底面下再深 1.5m 处。

(2)将竖向导坑朝横向扩展到直接的基础下面，并继续在基础下面开挖到所要求的持力层标高。

(3)采用现浇混凝土浇筑已被开挖出来的基础下的挖坑体积。但应在离原有基础底面 8cm 处停止浇筑，养护一天后，再将干硬性水泥砂浆放进 8cm 的空隙内，用铁锤锤击短木，使填塞位置的砂浆得到充分捣实成为密实的填充层，在国外这种填实的方法称为干填。由于干填的这一层厚度很小，所以实际上可将其视为不收缩的，因而建筑物不会因混凝土收缩而发生附加沉降。有时也可使用液态砂浆通过漏斗注入，并在砂浆上保持一定的压力直到砂浆凝固结硬。如果用早强水泥，则可加快施工进度。

(4)同上，再分段分批地挖坑和修筑墩子，直至全部托换基础的工作完成，如图 2-25所示。

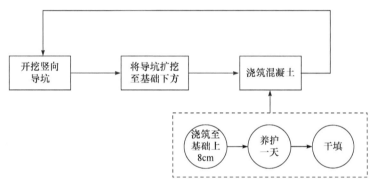

图 2-25 基础加深法施工

对许多大型建筑物加深基础时，由于墙身内应力的重分布，有可能在要求托换的基础下直接开挖小坑，而不需在原有基础下加临时支撑。也就是在托换前，局部基础下短时间内没有地基土的支承可认为是容许的。在开挖过程中由于土的拱作用，使作用在挡板上的荷载大大减少且土压力的数值将不随深度而增加，故所有坑壁都可应用横向挡板，并可边挖边建立支撑。横向挡板间还可相互顶紧，再在坑角处用嵌条钉牢。在墩式基础施工时，基础内外两侧土体高差形成的土压力可以使基础产生位移，故需提供类似挖土时的横撑、对角撑或锚杆。因为墩式基础不能承受水平荷载，侧向位移将会导致建筑物的严重开裂。

2.3 污染土处置技术

2.3.1 物理处理技术

目前物理处理技术具有设备简单、持续产出高的优点，但是在实际的工程项目中，应考虑其技术可行性、经济实用性等因素的影响。物理处理技术有以下几种。

1. 土壤翻换技术

当土壤仅受轻度污染时，可采用深耕翻土的方法，即将表面污染土和深处未受污染土进行翻填，以此达到处理表面污染土的目的。而对于深度污染的土壤，则采用换填的方法，即将污染土全部清除，再换填以稳定性好的土、石。土壤处理完成后，再通过压、夯、振等方法处理土壤至要求的密实度，以此来提高地基承载力，减少地基沉降量，加速软弱土层的排水固结等。翻土和换填对污染土的处理均有很好的效果，它的优点在于技术成熟且修复较为全面，能够很好地处理污染地基土；它的缺点在于工程量较大、耗费时间长，同时外运的污染土还需进行处理，以避免二次污染。

2. 分离修复技术

土壤分离修复技术是指将粒径分离(筛分)、水力学分离、密度(重力)分离、脱水分离、泡沫浮选分离和磁分离等技术应用在污染土壤中处理无机污染物的修复技术，它最适合用来处理小范围内受重金属污染的土壤，从土壤、沉积物、废渣中分离重金属，清洁土壤，恢复土壤的正常功能。它的优点是工艺简单、费用低；但是并不能达到完全修复污染土的目的。

3. 隔离技术

土壤隔离技术是指采用防渗的隔离材料对土壤重金属污染区域进行分割、隔离，这种隔离既包括横向上的隔离也包括垂向上的隔离。隔离技术主要应用于重金属污染严重且难以治理的污染土壤，这类土壤中含有的重金属会随着地下水的流动污染地下水和地表水，造成更大范围的水污染。往往此类污染土难以治理且治理时间较长，因此需采用隔离技术将其隔离起来，防止对外部环境造成二次污染。

4. 热力修复技术

土壤热力修复技术是指通过直接或间接加热，将污染土壤温度提高至目标污染物沸点以上，利用控制系统温度和污染土壤停留时间等手段，以气化挥发的方式促使目标污染物有选择地与土壤颗粒相分离进而被有效去除。热力修复主要包括两个基本过程：一是将处理物质进行加热，使目标污染物挥发成为气态并与土壤相分离；二是将含有目标污染物的尾气进行冷凝→收集→焚烧等一系列处理，最终达标后完成排放。热力修复技术不适用于有机防腐剂、活性氧化剂/还原剂等污染物的去除，但是对农药、石油等有机污染物的去除有较好的效果。

2.3.2　化学处理技术

1. 化学固化技术

污染土中污染物的主要特性之一为可移动性，土壤中的有机质含量、pH 和 Eh 值等均可影响土壤中污染物的存在形态，因此可通过调节这些参数来调节土壤中污染物的存在形态，污染物固化的目的为加入固化剂来改变土壤的理化性质。常用的固化剂主要有石灰、磷灰石、沸石、堆肥和钢渣等。不同固化剂固定重金属的机理不同，例如，沸石等通过离子交换吸附降低土壤中重金属的可移动性。污染物固化之后便于运输和存储，可防止污染物进一步扩散，同时达到处理污染土的目的。

2. 土壤淋洗技术

土壤淋洗技术是指将可促进土壤污染物溶解或迁移的化学溶剂注入受污染的土壤中，从而将污染物从土壤中溶解、分离出来并进行处理的技术，是一种利用化学原理来修复污染土壤的常用技术。

土壤淋洗按处理土壤的位置可分为原位土壤淋洗和异位土壤淋洗。

1）原位土壤淋洗

原位土壤淋洗指通过注射井等向土壤施加淋洗液，使其向下渗透，穿过污染带与污染物结合，通过解吸、溶解或络合等作用，最终形成可迁移态化合物。含有污染物的溶液可以用提取井等方式收集、存储，再进一步处理，以再次用于处理被污染的土壤。该技术需要在原地搭建修复设施，包括淋洗液投加系统、土壤下层淋出液收集系统和淋出液处理系统。同时，有必要把污染区域封闭起来，通常采样物理屏障或分隔技术。原位土壤淋洗技术对于多孔隙、均质、易渗透的土壤中的重金属以及具有低辛烷/水分配系数的有机化合物、羟基类化合物、低分子量醇类和羟基酸类等污染物具有较高的分离与去除效率。

2）异位土壤淋洗

异位土壤淋洗指把污染土壤挖掘出来，通过筛分去除超大的组件并把土壤分为粗料和细料，然后用淋洗剂来清洗、去除污染物，再处理含有污染物的淋出液，并将清洁的土壤回填或运到其他地点。该技术的核心是通过水力学方式机械地悬浮或搅动土壤颗粒，由于土壤颗粒尺寸的下限是 9.5mm，大于这个尺寸的石砾和粒子便可由该方式从土壤中除去。通常将异位土壤淋洗技术用于受污染土壤的预处理，主要与其他修复技术联合使用。当污染土壤中砂砾与砾石含量超过 50%，或者污染土壤中腐殖质含量较高时，异位土壤淋洗技术分离去除效果差。

3. 动电修复技术

动电修复技术是处理污染土的新型技术，是将通以低直流电的电极插入污染土壤中，土壤中的重金属离子在电化学和电动力学的复合作用（电渗透、电迁移和电泳等）下驱动污染物富集到电极区，并采取方法进行收集，集中处理。在电场作用下，重金属在电渗透和电迁移的作用下向电极区迁移富集。动电修复技术近年来迅速发展，在一些欧美国家已经商业化，这种方法可以控制污染物的流动方向，特别适合于低渗透的黏土和淤泥土，其经济成本也比较合理。

2.3.3　生物处理技术

1. 植物固定技术

植物固定是指利用特殊植物的吸收、螯合、络合、沉淀、分解、氧化、还原等多种过程，将土壤中的大量有毒重金属进行钝化或固定，以降低其生物有效性及迁移性，从而减少其对生物和环境的危害，适用于表面积大、土壤质地黏重等污染相对严重的情况，有机质含量越高对植物固定就越有利。植物固定只是一种原位降低重金属污染物生物有效性的途径，并不能彻底去除土壤中的重金属，随着土壤环境条件的变化，被稳定下来的重金属可能重新释放而进入循环体系，从而重新危害环境，在实际应用中受到一定的限制。进行植物固定的植物首先需要能够耐受土壤中高浓度的重金属，并且能够将重金属在土壤中固定。植物固定技术正在快速发展，未来的研究方向是如何促进植物根系生长，将重金属固化在根-土中，并将转运到地上部分的重金属控制在最小范围内。

2. 植物挥发技术

植物挥发是指植物利用其本身的功能将土壤中的重金属吸收到体内，并将其变为可挥发的形态而释放到大气中，从而实现去除土壤中重金属的一种方法。目前研究最多的主要集中在气化点比较低的重金属元素汞和非金属硒、砷，植物通过吸收、积累和挥发三个渐进的过程，将土壤中的可挥发性污染物吸收到体内后，将其转化为气态物质挥发到了大气中；但这只是改变了重金属存在的形态，当这些元素形态与雨水结合后，又会散落到土壤中，容易造成二次污染，又重新对人类健康和生态系统造成威胁。

3. 植物提取技术

植物提取又名植物萃取，是指利用对重金属富集能力较强的超富集植物吸收土壤中的重金属污染物，然后将其转移、储存到植物茎、叶等地上部分，通过收割地上部分并进行集中处理，从而达到去除或降低土壤中重金属污染物的目的。植物提取有很多优点，如成本低、不易造成二次污染、保持土壤结构不被破坏等。符合植物提取的植物有以下几个特性：生长快、生物量大、能同时积累几种重金属、有较高的富集效率、忍耐性强、能在体内积累高浓度污染物。植物提取修复是目前研究最多也是最有发展前途的一种植物修复技术。

4. 微生物修复技术

微生物修复是指利用天然存在的或培养的功能微生物群，在适宜环境条件下，促进或强化微生物代谢功能，从而实现降低有毒污染物活性或将其降解成无毒物质的生物修复技术。微生物修复的实质是生物降解，即微生物对环境污染物的分解作用。由于微生物个体小、繁殖快、适应性强、易变异，所以可随环境变化产生新的自发突变株，也可能通过形成诱导酶产生新的酶系，从而具备新的代谢功能以适应新的环境，从而降解和转化那些"陌生"的化合物。在生物修复中首先应考虑适宜微生物的来源。微生物根据来源不同分为 3 类：本土微生物、外来微生物和基因工程菌（GEM）。目前在生物修复中应用的主要是本土微生物。外来微生物主要用于当本土微生物由于种种原因不能修复重金属污染土壤时。其次需要考虑微生物的适宜生存条件，而受污染土壤的微生物生存条件往往比较恶劣，因此需要对微生物环境进行人为的改造、优化。微生物修复还需要 2 个条件：①土壤中必须存在着丰富的微生物，这些微生物能够在一定程度上转化、固定土壤中的重金属；②污染土壤中的重金属存在被微生物转化或固定的可能性。在这种情况下，受污染土壤中的重金属除少部分通过物理、化学作用迁移转化外，大部分是通过微生物转化和固定的。

5. 土壤动物修复技术

土壤动物狭义的概念是指全部时间都在土壤中生活的动物，广义的概念是指生存期内的一个时期在土壤中生活的动物。土壤动物修复技术适宜采用的土壤动物是广义的概念。土壤动物修复技术主要利用的是土壤动物和其体内的微生物，在重金属污染土壤中的生长、繁殖等活动过程中对土壤中重金属污染物进行转化和富集的作用，最终通过对土壤动物的收集、处理，使土壤中的重金属含量降低。采用土壤动物这种天然的方法来转化重金属形态或富集，可以一定程度上提高土壤肥力。土壤动物如蚯蚓、蜘蛛等，对重金属有很强的耐受能力和富集能力，能够对土壤中的重金属起到其他方法很难实现的富集作用，有人研究发现，土壤动物体内重金属含量与土壤中重金属含量正相关。土壤动物不仅自己能够直接富集重金属，还能够和周围的微生物、植物协同富集重金属，并在其中起到一种类似"催化剂"的作用，例如，蚯蚓等动物在土中的生长、穿插等活动，能够大大加快微生物向污染土壤的转移速度，从而促进微生物对土壤的修复作用，并且土壤动物能够把土壤中的有机物分解转化为有机酸，使土壤中重金属的物性钝化并失去毒性。土壤动物修复技术未来的发展方向是将土壤动物作为一种"催化剂"放入被污染的土壤中，提高传统生物土壤修复技术的修复速度和效率。但是目前国内外进行的研究主要集中在土壤动物的生态作用和环境指示作用上，对于土壤动物的修复能力研究得很少，土壤动物修复技术还有待进一步研究发展。

思 考 题

2-1　地基注浆理论可分为哪几类？

2-2　绘制注浆施工工艺的流程图。

2-3　简述高压喷射注浆技术的适用范围。

2-4　绘制高压喷射注浆施工工艺的流程图。

2-5　简述水泥土搅拌法的适用范围。

2-6　简述水泥土搅拌加固的机理。

2-7　简述粉体喷射搅拌法的施工工艺流程。

2-8　简述锚杆静压桩的施工工艺流程。

2-9　基础加深技术的适用范围有哪些？

2-10　常见的污染物处置技术有哪些？

参考答案-2

第3章 建(构)筑物施工技术

3.1 结构加固技术

结构加固，即为了对存在损伤和缺陷的结构构件进行补强处理，对可靠性不足或业主要求提高可靠度的承重结构、构件及其相关部分采取增强、局部更换或调整其内力等措施，使其具有现行设计规范及业主所要求的安全性、耐久性和适用性，保证其在后续使用或改建过程中的安全。

3.1.1 混凝土结构加固技术

1. 增大截面加固法

1) 基本概述

增大截面加固法，是指增大原构件的截面面积或增配钢筋，以提高其承载力和刚度，或改变其自振频率的一种直接加固法。增大截面加固法主要用于对钢筋混凝土梁、柱、抗震墙和楼板等构件进行加固。该方法对原有结构构件外包一定厚度的钢筋混凝土，新增钢筋混凝土和原有结构可靠连接，在荷载和地震作用下共同受力，实现了提高原结构配筋，增大原结构截面，从而提高原结构的承载力和刚度的效果。

通过增大截面加固钢筋混凝土构件时，要求按现场检测结果确定的原构件混凝土的强度等级不应低于C10。当用于梁、柱加固时，由于外包钢筋混凝土层内同时配置纵向钢筋和箍筋，该方法还可以显著提高原结构的延性和耗能性能。增大截面加固法的适用范围较广，可同时解决结构的承载力不足、刚度不足以及延性不足等问题。

2) 施工要点

通过增大截面加固钢筋混凝土构件时，应符合如下施工规定。

(1) 原构件混凝土表面应进行处理。应将原构件混凝土存在的缺陷清理至密实部位，并将表面凿毛或打成沟槽，沟槽深度不宜小于6mm，间距不宜大于箍筋间距或20mm，被包的混凝土棱角应打掉，同时应除去浮渣、尘土。

(2) 加固前应卸除或大部分卸除作用在梁上的活荷载，浇筑混凝土前，原混凝土表面以新鲜水泥浆或其他界面剂进行处理；浇筑后应加强养护。

(3) 对原有和新增受力钢筋应进行除锈处理；在受力钢筋上施焊前应采取卸荷或支撑措施，并应逐根分区段分层进行焊接。

3）施工工艺

增大截面加固法施工工艺流程如图 3-1 所示。

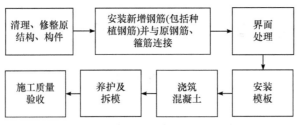

图 3-1 增大截面加固法施工工艺流程

2. 置换混凝土加固法

1）基本概述

置换混凝土加固法主要是针对既有混凝土结构或施工中的混凝土结构，由于结构裂损或混凝土存在蜂窝、孔洞、夹渣、疏松等缺陷，或混凝土强度（主要是压区混凝土强度）偏低，而采用挖补的办法保留钢筋并用优质的混凝土将这部分劣质混凝土置换掉，达到恢复结构基本功能的目的，如图 3-2 所示。

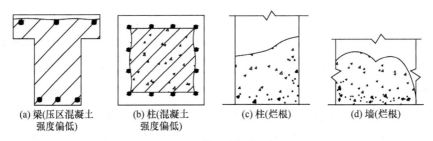

图 3-2 置换混凝土加固法

2）施工要点

通过置换混凝土加固钢筋混凝土构件时，应符合如下施工规定。

（1）置换混凝土加固时宜对被置换的构件进行卸荷。卸荷方法有直接卸荷和支顶卸荷。在卸荷状态下将质量低劣的混凝土或缺陷混凝土彻底剔凿干净。对于外观质量完好的低强混凝土，除特殊情况外，一般可仅置换压区混凝土，但为恢复或提高结构应有的耐久性，可用高强度聚合物砂浆对其余部分进行抹面封闭处理。

置换混凝土时，原构件所受荷载将由未置换部分承担，应对原结构、构件在施工全过程中的承载状态进行验算、监控，以保证置换混凝土施工过程的安全。一般情况下，应进行卸荷，卸荷方案依据现场条件确定。

（2）为保证施工质量，置换混凝土也应满足浇筑最小尺寸要求，板不应小于 40mm，梁、柱采用人工浇筑时，不应小于 60mm。

（3）为增强置换混凝土与原基材混凝土的结合能力，原构件结合面应进行凿毛处理。结合面宜涂刷混凝土界面剂，对于要求较高或剪应力较大的结合面，尚应植入一定的抗剪连接筋。

（4）置换用的混凝土流动性应大，强度等级应比原构件混凝土提高一级，且不应低于 C30。置换混凝土宜采用微膨胀或无收缩混凝土；当体量较小时，宜采用细石混凝土、高强度灌浆料等。

3）施工工艺

置换混凝土加固法施工工艺流程如图 3-3 所示。

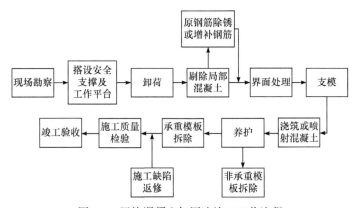

图 3-3　置换混凝土加固法施工工艺流程

3. 粘贴钢板加固法

1）基本概述

粘贴钢板加固法是指在混凝土构件表面用结构胶粘贴钢板，使钢板和混凝土粘接成整体共同工作，从而补足原结构配筋的不足。该方法主要适用于混凝土受弯构件，如框架梁、板等构件的加固。

2）施工要点

通过粘贴钢板加固钢筋混凝土结构时，应符合下列施工要求。

（1）混凝土构件表面处理：对原混凝土构件的粘合面，可用硬毛刷蘸高效洗涤剂，刷除表面油垢污物后用清水冲洗，再对粘合面进行打磨，除去 2～3mm 厚的表层，直至完全露出新面，并用无油压缩空气吹除粉粒。若混凝土表面不是很旧，则可直接对粘合面进行打磨，去掉 1～2mm 厚的表层，用无油压缩空气除去粉尘或用清水冲洗干净，待完全干燥后用脱脂棉蘸丙酮擦拭表面即可。

（2）钢板黏结面须进行除锈和粗糙处理。若钢板未生锈或轻微锈蚀，可用喷砂、砂布或平砂轮打磨，直至出现金属光泽。打磨粗糙度越大越好，打磨纹路应与钢板受力方向垂直。其后，用脱脂棉蘸丙酮擦拭干净。

（3）粘贴钢板前，应对被加固构件进行卸荷。例如，采用千斤顶顶升方式卸荷，对于承受均布荷载的梁，应采用多点均匀顶升；对于有次梁作用的主梁，每根次梁下要设一台千斤顶，顶升吨位以顶面不出现裂缝为准。

（4）胶黏剂使用前应现场抽样，进行质量检验，合格后方能使用，按产品使用说明书的规定配制。注意搅拌时应避免雨水进入容器，按同一方向进行搅拌，容器内不得有油污、灰尘和水分。

（5）胶黏剂配制好后，用抹刀同时涂抹在已处理好的混凝土表面和钢板面上，厚度为1～3mm，中间厚边缘薄，然后将钢板贴在预定位置。如果是立面粘贴，为防止流淌，可加一层脱蜡玻璃丝布。粘好钢板后，用手锤沿粘贴面轻轻敲击钢板，若无空洞声，表示已粘贴密实，否则应剥下钢板，补胶，重新粘贴。

（6）承重用的胶黏剂在常温下固化，若温度保持在20℃以上，24h后即可拆除夹具或支撑，3天后可受力使用。若温度低于15℃，应采取人工加温，一般用红外线灯加热。

3）施工工艺

粘贴钢板加固法施工工艺流程如图3-4所示。

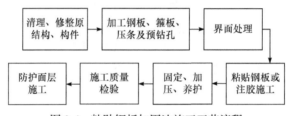

图3-4　粘贴钢板加固法施工工艺流程

4. 粘贴纤维复合材料加固法

1）基本概述

粘贴纤维复合材料加固法是指采用高性能黏合剂（环氧树脂）将纤维布粘贴在建筑结构构件表面，使两者共同工作，从而达到对建筑物进行加固、补强的目的。

2）施工要点

通过粘贴纤维复合材料加固钢筋混凝土结构时，应符合下列施工要求。

（1）粘贴纤维布加固时，应卸除或大部分卸除作用在梁上的活荷载，其施工应符合专门的规定。

（2）采用粘贴碳纤维布加固混凝土结构时，应由熟悉该技术施工工艺的专业施工队伍承担，并应有加固方案和施工技术措施。

（3）施工宜在5℃以上的条件下进行，并应符合配套树脂要求的施工使用温度。当环境温度低于5℃时，应采用适用于低温环境的配套树脂或采取升温措施。

（4）施工时应考虑环境湿度对树脂固化的不利影响。

(5)在进行混凝土表面处理和粘贴碳纤维布前,应按加固设计部位放线定位。

3)施工工艺

粘贴纤维复合材料加固法施工工艺流程如图 3-5 所示。

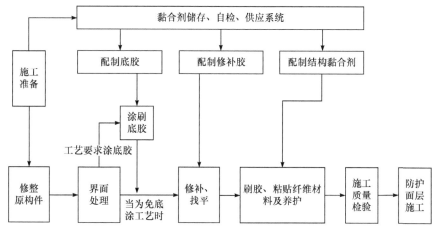

图 3-5　粘贴纤维复合材料加固法施工工艺流程

3.1.2　砌体结构加固技术

1. 水泥砂浆面层和钢筋网砂浆面层加固法

1)基本概述

水泥砂浆面层加固法是用一定强度等级的水泥砂浆、混合砂浆、纤维砂浆及树脂水泥砂浆等喷抹于墙体表面,达到提高墙体承载力目的的一种加固方法。优点是施工简便,适用于砌体承载能力与规范要求相差不多的静力加固和抗震加固。

钢筋网砂浆面层加固法是在面层砂浆中配设一道钢筋网、钢板网或焊接钢丝网,达到提高墙体承载力和变形性能(延性)目的的一种加固方法。优点是平面抗弯强度有较大幅度提高,平面内抗剪承载力和延性提高较多,墙体抗裂性有较大幅度改善,适用于静力加固和中高烈度的抗震加固。

2)施工要点

面层加固的施工应符合下列要求。

(1)原墙面碱蚀严重时,应先清除松散部分并用 1∶3 的水泥砂浆抹面,已松动的勾缝砂浆应剔除。

(2)在墙面钻孔时,应按设计要求先画线标出锚筋(或穿墙筋)的位置,并应采用电钻在砖缝处打孔,穿墙孔直径宜比 S 形筋大 2mm,锚筋孔直径宜采用锚筋直径的 1.5～2.5 倍,其孔深宜为 120～180mm,锚筋插入孔洞后可采用水泥基灌浆料、水泥砂浆等填实。

(3) 铺设钢筋网时，竖向钢筋应靠墙面并采用钢筋头支起，以保证留有足够的间隙。

(4) 抹水泥砂浆时，应先在墙面上刷水泥浆再分层抹灰，且每层厚度不应超过 15mm。

(5) 面层应浇水养护，防止阳光暴晒，冬季应采取防冻措施。

3) 施工工艺

钢筋网砂浆面层加固法施工工艺流程如图 3-6 所示。

图 3-6 钢筋网砂浆面层加固法施工工艺流程

2. 钢绞线网-聚合物砂浆面层加固法

1) 基本概述

钢绞线网-聚合物砂浆面层加固法是一种以钢绞线网片为增强材料，通过聚合物砂浆将其黏结在墙体表面从而起到对墙体加固作用的加固方法。该加固方法可用于墙体的单侧加固或双侧加固。钢绞线网-聚合物砂浆面层的厚度一般在 25～40mm，所增加的重量有限，其面层不必自下而上连续布置，可以根据抗震鉴定结果，仅对不满足抗震承载力的楼层或墙段进行加固。

2) 施工要点

钢绞线网-聚合物砂浆面层加固的施工应符合下列要求。

(1) 墙面钻孔应位于砖块上，应采用 $\Phi 6$ 钻头，钻孔深度应控制在 40～45mm。

(2) 钢绞线网片端头应错开锚固，错开距离不小于 50mm。

(3) 钢绞线网片应双层布置并绷紧安装，竖向钢绞线网片布置在内侧，水平钢绞线网片布置在外侧，分布钢绞线应贴向墙面，受力钢绞线应背离墙面。

(4) 聚合物砂浆抹面应在界面处理后随即开始施工，第一遍抹灰厚度以基本覆盖钢绞线网片为宜，后续抹灰应在前次抹灰初凝后进行，后续抹灰的分层厚度控制在 10～15mm。

(5) 常温下，聚合物砂浆施工完毕 6h 内应采取可靠的保湿养护措施；养护时间不少于 7 天；雨季、冬季或遇大风、高温天气时，施工应采取可靠的应对措施。

3) 施工工艺

钢绞线网-聚合物砂浆面层加固法施工工艺流程如图 3-7 所示。

图 3-7 钢绞线网-聚合物砂浆面层加固法施工工艺流程

3. 压力灌浆加固法

1)基本概述

压力灌浆加固法是借助于压缩空气，将复合水泥浆液、砂浆或化学浆液，注入砌体裂缝、欠饱满裂缝、孔洞以及疏松不实砌体，达到恢复结构整体性、提高砌体强度和耐久性、改善结构防水抗渗性能目的的一种加固方法。对于活动裂缝及受力裂缝，尚宜辅助钢丝网或纤维片等措施，以承担所产生的拉应力。

2)施工要点

压力灌浆加固的施工应符合下列要求。

(1)灌浆时应做到浆液饱满无漏灌，浆体密实无气泡，黏结牢固。对于边角墙和小断面砌体，应以较小压力缓慢灌注，避免高压灌注损坏墙体。

(2)对于清水墙，应随时清洗留在墙面上的浆液，以免干后污染墙面。

3)施工工艺

压力灌浆加固法施工工艺流程如图 3-8 所示。

图 3-8　压力灌浆加固法施工工艺流程

3.1.3　钢结构加固技术

1. 改变结构计算图形法

1)基本概述

改变结构计算图形法泛指通过改变荷载分布状况、传力路径、节点性质和边界条件，或增设杆件/支撑、施加预应力、考虑空间协同工作等措施对结构系统进行加固的方法。这些措施主要是通过改变结构的计算图形来调整内力，使结构按要求进行内力重分配，从而达到加固的目的。

2)施工方法

对结构可采用下列增加结构或构件刚度的方法进行加固。

(1)增加支撑形成空间结构并对空间结构进行验算，如图 3-9 所示。

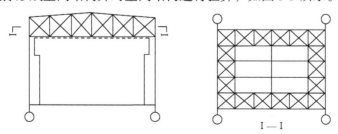

图 3-9　增加支撑形成空间结构

(2)增设支撑增加结构刚度，或调整结构的自振频率等以提高结构承载力和改善结构的动力特性，如图 3-10 所示。

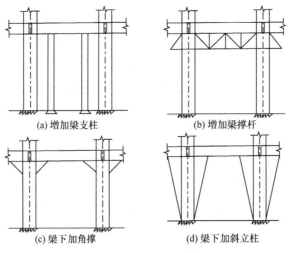

(a) 增加梁支柱　　　　　　　(b) 增加梁撑杆

(c) 梁下加角撑　　　　　　　(d) 梁下加斜立柱

图 3-10　增设支撑增加结构刚度

(3)增设支撑或辅助杆件使构件的长细比减小以提高其稳定性，如图 3-11 所示。

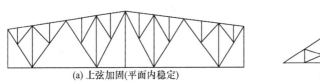

(a) 上弦加固(平面内稳定)　　　　　　　(b) 斜腹杆加固(平面外稳定)

图 3-11　增设支撑加固桁架

(4)在排架结构中重点加强某一列柱的刚度，使之承受大部分水平力，以减轻其他列柱的负荷，如图 3-12 所示。

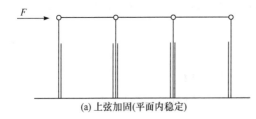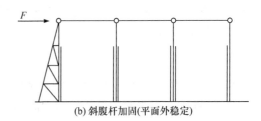

(a) 上弦加固(平面内稳定)　　　　　　　(b) 斜腹杆加固(平面外稳定)

图 3-12　加固某一列柱

(5)在塔架等结构中设置拉杆或适度张紧的拉索以加强结构的刚度，如图 3-13 所示。

2. 增大构件截面法

1)基本概述

钢结构的增大构件截面法主要指采用焊接连接、螺栓连接和铆钉连接的方法将新

(a) 加强了输电线支架的刚度　　　(b) 减小了悬臂端的挠度

图 3-13　设置拉杆或拉索加强结构刚度

增的钢板、型钢等与原有钢结构构件可靠连接，形成具有更大截面面积或惯性矩的组合截面，从而提高钢结构构件的刚度和承载能力的加固方法。增大构件截面法适用于受弯构件、轴心受拉或受压构件以及拉弯、压弯构件的加固。

2)施工方法

应考虑构件的受力情况及存在的缺陷，在方便施工、连接可靠的前提下，选取最有效的截面增大形式。

(1) 钢梁截面加固。

钢梁截面加固可采用图 3-14 所示的形式或其他形式。图 3-14(a)用于构件抗弯及抗剪能力均不足时加固；若腹板不必加固可采用图 3-14(b)；焊接组合梁和型钢梁时都可在翼缘板上加焊水平板、斜板或型钢进行加固(图 3-14(c)、(f)～(j))，一般宜上、下翼缘均加固，但当有铺板而上翼缘加固困难时，也可仅对下翼缘补强(图 3-14(e))；图 3-14(m)用于梁腹板抗剪强度不足时加固，当梁腹板的稳定性不能保证时，往往采用设置加劲肋的方法；图 3-14(d)、(g)～(i)可以不增加梁的高度，但图 3-14(g)、(h)将翼缘变成封闭截面，对有横向加劲肋和翼缘上需要用螺栓连接的梁，构造复杂，施工麻烦；图 3-14(i)可在原位置施工，但加固效果较差，且对原有横向加劲肋的梁需加设短加劲肋来代替；图 3-14(k)、(l)主要用于加固简支梁弯矩较大的区段，加固件不伸到支座；图 3-14(a)、(b)、(i)、(k)～(m)也可用高强度螺栓连接新老部件。

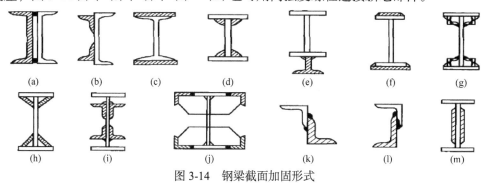

图 3-14　钢梁截面加固形式

(2) 钢柱截面加固。

钢柱截面加固可采用图 3-15 所示的形式或其他形式。图 3-15(b)、(c)、(e)用于轴心受力或弯矩较小的钢柱；图 3-15(h)～(j)能同时提高弯矩作用平面内外的承载能力；图 3-15(d)、(f)、(h)～(j)用于左右两方向作用弯矩不等的压弯柱，也可在原截面两侧采用相同的加固件，用于两方向作用弯矩相等或相差不大的压弯柱。

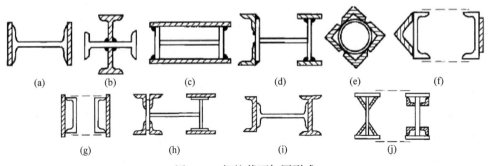

图 3-15　钢柱截面加固形式

（3）桁架截面杆件加固。

桁架杆件截面加固可采用图 3-16 所示的形式或其他形式。图 3-16(a)用于杆件上有拼接角钢或扭曲变形不大的杆件；图 3-16(b)可增大杆件平面外的回转半径，减小长细比，而且可以调整杆件因旁弯而产生的偏心；图 3-16(d)适用于拉杆；图 3-16(f)适用于单角钢腹杆加固；图 3-16(d)、(k)适用于下弦截面加固。

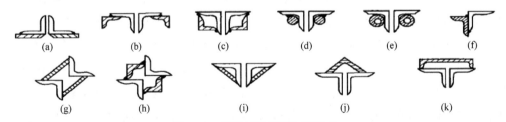

图 3-16　桁架杆件截面加固形式

负荷状态下进行钢结构加固时，应制定详细的加固工艺流程和技术条件，所采用的工艺应保证加固件的截面因焊接加热、附加钻、扩孔洞等所引起的削弱影响降低至最小，并应按隐蔽工程进行验收。负荷状态下，采用焊接方法增大钢结构构件截面时，其设计和施工应符合下列要求。

（1）应合理规定加固顺序，先加固对原构件影响较小、构件最薄弱和能立即起到加固作用的部位。一般情况下，宜按下列原则安排施焊顺序：

① 有对称的成对焊缝时，应平行施焊；

② 有多条焊缝时，应交错顺序施焊；

③ 对两侧有加固件的截面，应先施焊受拉侧的加固件，然后施焊受压侧的加固件；

④ 对一端嵌固的受压构件，应从嵌固端向另一端施焊；若其为受拉构件，则应从另一端向嵌固端施焊。

(2)采用螺栓或铆钉连接方法增大钢结构构件截面时,加固与被加固构件应相互压紧,并应从被加固构件端部向中间逐次打孔和安装、拧紧螺栓或铆钉,以避免加固过程中截面的过大削弱。

(3)采用增大构件截面法加固有两个以上构件的超静定结构(框架、连续梁等)时,应首先将全部加固与被加固构件压紧和点焊定位,然后从受力最大的构件开始依次连续地进行加固连接。

(4)当采用增大构件截面法加固开口截面时,应保证加固后的截面密封,防止内部锈蚀;若加固后截面不密封,板件间应留出不小于150mm的操作空间,以便日后检查及防锈维护。

3.2　空间改造技术

空间改造,即为了使废弃的建筑等能够满足再生利用后的新需求和新形态,通过采用新技术、新材料对建筑的外部形态和内部空间进行调整、更新,改变其使用功能并延长其生命周期的一种处理策略。

3.2.1　外接施工技术

1. 独立外接施工

独立外接结构,即分离式结构体系,原结构与新增结构完全脱开,独立承担各自的竖向荷载和水平荷载。外接部分体量相对较小,但由于独立外接部分与原结构相互分离,一般常采用砌体结构和钢结构等形式。对于独立外接的形式,外接部分应依据现行国家标准按新建建筑结构进行施工。具体施工技术此处不再赘述。

2. 非独立外接施工

非独立外接结构,即协同式结构体系,原结构与新增结构相互连接。

1)技术特点

(1)非独立外接部分的荷载通过新增结构直接传至新设置的基础,再传至地基。

(2)非独立外接部分的施工期间不影响原建筑的施工、使用和维护,即原建筑部分可不停产、不搬迁。

(3)非独立外接部分与原结构部分相比,体量较小,仅作为原结构部分的补充,以完善和方便再生利用后的运营和使用。

(4)非独立外接部分是完全新建的建筑,其建筑立面、装修风格等应与周围建筑物相协调。

2)施工工艺

对于再生利用外接的改建形式来说，非独立外接形式比较多，包括混凝土结构、砌体结构和钢结构。每种结构类型的施工工艺不尽相同。

(1)外接部分为混凝土结构。

当外接部分为混凝土结构时，其施工工艺流程如图 3-17 所示。

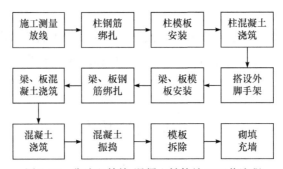

图 3-17　非独立外接-混凝土结构施工工艺流程

(2)外接部分为砌体结构。

当外接部分为砌体结构时，其施工工艺流程如图 3-18 所示。

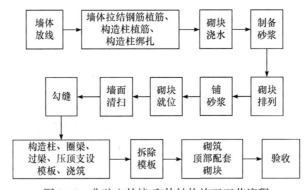

图 3-18　非独立外接-砌体结构施工工艺流程

(3)外接部分为钢结构。

当外接部分为钢结构时，其施工工艺流程如图 3-19 所示。

3)节点连接

(1)节点连接分类。

非独立外接部分与原结构部分相互连接，根据连接节点的构造，可分为铰接连接和刚接连接。

① 铰接连接。若连接节点只传递水平力，不传递竖向力，即原结构、新增结构承担各自的竖向荷载，但在水平荷载下，两者协同工作，此连接为铰接。例如，《建筑

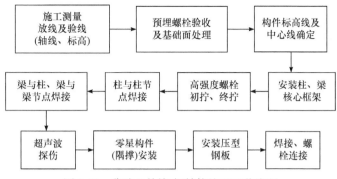

图 3-19　非独立外接-钢结构施工工艺流程

物移位纠倾增层与改造技术标准》(T/CECS 225—2020): "新老结构均为混凝土结构,新结构的竖向承重体系与老结构的竖向承重体系相互独立,新结构利用老结构的水平抗侧力刚度抵抗水平力。"

② 刚接连接。若连接节点既传递水平力,也传递竖向力,即原结构与新增结构共同承担竖向荷载和水平荷载,此连接为刚接。

(2)关键节点处理。

对于非独立外接的改造形式,在施工过程中的关键部分是新老建筑之间的节点处理。

① 钢梁与钢筋混凝土柱连接。在新增钢结构时,难免会遇到新增钢结构与既有的钢筋混凝土柱连接。在二者连接后,钢筋混凝土柱的受荷面积增大。由于原建筑建造年代久远,所以并不能准确确定钢筋混凝土柱的强度承载力。对于这种情况,需对梁柱连接进行特别的处理。在既有钢筋混凝土柱的跟前紧靠工字型钢柱,钢梁与钢柱的连接方式为铰接,这样钢柱就只承受钢梁传递的轴力,并不承担弯矩。在沿着钢筋混凝土柱的长度方向,每隔一定距离就植入钢筋,使其与既有钢筋混凝土柱连成一体。钢柱可以通过柱脚锚栓与既有钢筋混凝土柱的承台相连接。

② 钢梁与钢筋混凝土梁连接。在对这两者进行连接的时候,复合钢筋混凝土的承载力是首先要考虑和解决的问题。二者的连接方式主要采用的也是铰接,通过使用钢梁的连接螺栓和钢筋混凝土梁的锚栓,使其联系起来。

③ 钢构件与钢构件连接。一般来说,钢结构之间的连接方法包括焊接、普通螺栓连接、高强度螺栓连接和铆接。

3.2.2　增层施工技术

1. 上部增层施工

上部增层是指在原主体结构上部直接增层,充分利用了原建筑结构及地基的承载力，通过上部增层的方式满足新的功能需求。因此，首先要求原建筑承重结构有一定的承载潜力。直接在建筑主体结构上加高，增层荷载全部或部分由原建筑的基础、墙、柱来承担，这项技术的关键在于将现代结构技术适当地应用于工程中，使得在原建筑中向上增加的部分与原有部分良好结合，融为一体。增层部分的建筑风貌与外形，需尽量与原建筑的结构体系一致，使房间的隔墙尽量落在原建筑的梁柱位置，房屋中的设备设施及上下水管、煤气/暖气/电气设备的布局要考虑原有系统的布局和走向，尽量做到统一，减少管线的敷设，避免不必要的渗漏。

1）技术分类

上部增层的改造形式，根据原建筑结构类型的不同，主要分为以下几种类型：砖混结构上部增层、钢筋混凝土结构上部增层、多层内框架结构上部增层、底层框架结构上部增层。

（1）砖混结构上部增层。

通常砖混结构建造年代久远，且层数不高。就此类建筑的墙体自身承载力而言，

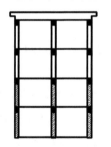

图 3-20　砖混结构上部增层

在原高度上增加 1～3 层，总层数控制在 5 层或 6 层以下，困难不会很大。因此，对于原结构为小开间砖混结构而对加层无大开间要求的工程，在对地基基础和墙体承载力进行复核验算后，确认原承重构件的承载力及刚度能满足增层设计和抗震设防要求时，可不改变原结构的承重体系和平面布置，尽可能在原来的墙体上直接砌筑砌体材料（图 3-20），然后铺设楼板和屋面板。

砖混结构上部增层时，若原建筑承重墙体和基础的承载力与变形不能满足增层后的要求，可增加新承重墙或柱，也可采用改变荷载传递路线的方法进行增层。例如，原房屋为横墙承重、纵墙自承重，则增层后可改为纵横墙同时承重。此时，墙或柱的承重能力应重新进行验算，并应满足规范要求。

当原建筑为平屋顶时，应核算其承载能力，当跨度较大或板厚较小时，应核算板的挠度和裂缝宽度，若满足要求，即可将屋面板作为增层后的楼板使用；若不满足要求，则拆除屋面板重新进行楼板施工。当原建筑为坡屋顶时，需将原有屋面板拆除重新进行楼板施工。

（2）钢筋混凝土结构上部增层。

当原建筑为框架或框架-剪力墙结构时，进行上部增层时一般采用框架结构、框架-剪力墙结构或钢框架结构。

框架结构增层时，常须加剪力墙才能通过抗震计算，当加剪力墙有困难时，可采用防屈曲约束消能支撑，以减小结构的地震反应。直接在钢筋混凝土结构顶部增层时，

增层结构与既有钢筋混凝土结构顶层梁柱、剪力墙节点的连接处理是关键。采用钢结构增层时，增层后的结构沿竖向的质量、刚度有较大突变，应能保证新老结构整体协同工作以利于抗震。采用其他增层方式时，尚应注意由增层带来的结构刚度突变等不利影响，应进行验算，必要时对原结构采取加固措施。

(3)多层内框架结构上部增层。

当原建筑为多层内框架结构时，上部增层不改变原结构体系，其结构与下部结构相同。内框架钢筋混凝土中柱、梁、砖壁柱设置至顶，如图 3-21 所示。对于这种类型的上部增层，抗震横墙的最大间距应符合《建筑抗震设计规范(附条文说明)(2016年版)》(GB 50011—2010)的要求。新增层的抗震纵横墙可采用普通砖或砌体。根据抗震要求，层层设置钢筋混凝土圈梁，房屋四个边角设抗震构造柱。此种类型上部增层的可行性取决于原钢筋混凝土内柱和带壁柱砖砌体的承载能力及其补强加固的可能性。

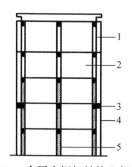

图 3-21　多层内框架结构上部增层

1-新加纵横墙用砖或小砌块，框架填充用加筋砌块或加气混凝土块；2-原屋面坡用加筋砌块或加气混凝土块找平；
3-第 2 层采用外加圈梁；4-四边角抗震构造柱；5-原内框架中柱、砖壁柱

多层内框架结构上部增层时，可根据需要在外墙设钢筋混凝土外加柱，外加柱与梁的连接宜视构造情况采用铰接或刚接。在地震区，原框架的配筋及梁、柱节点必须满足抗震规范的要求，当不能满足要求时应在加固后进行加层。

(4)底层框架结构上部增层。

当原建筑为底层框架结构时，上部增层部分一般采用刚性砖混结构。由于上部增层增加了底层框架的垂直和水平荷载，对经过复算可以满足增层要求的底层框架结构，一般应设置抗震纵横墙。其抗震横墙的最大间距应符合《建筑抗震设计规范(附条文说明)(2016 年版)》(GB 50011—2010)的要求。新增的抗震墙应沿纵横两个方向均匀对称布置，其第 2 层与底层侧移刚度的比值，在地震烈度为 7 度时不宜大于 3，8 度和 9 度时不应大于 2，新增的抗震墙应采用钢筋混凝土墙，并与原框架可靠连接。

对经过复核验算不能满足增层承载力或抗震要求的底层框架结构，也可采用"("形刚架与原框架形成组合梁柱进行加固增层，如图 3-22 所示。

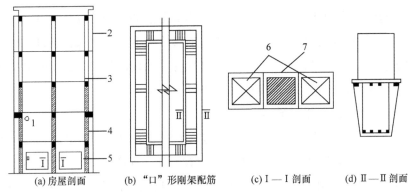

(a) 房屋剖面　　　(b)"口"形刚架配筋　　　(c) I—I 剖面　　　(d) II—II 剖面

图 3-22　底层框架结构上部增层

1-抗震柱；2-新加二层墙体用砖或小砌块；3-原旧房屋面找坡(分段找平)；4-原底层框架、梁柱砖墙；
5-"("形刚架加固(代抗震墙)；6-现加柱；7-原柱

2)施工工艺

主体结构上部增层施工工艺流程如图 3-23 所示。

图 3-23　主体结构上部增层施工工艺流程

3)施工要求

(1)砖混结构上部增层。

① 砖混结构上部增层后的总高度、总层数限值和最大高宽比应符合现行国家标准《建筑抗震设计规范(附条文说明)(2016 年版)》(GB 50011—2010)的要求。考虑到原建筑虽经过加固后能够满足规范要求，但总不如新建结构更加合理，因此可根据原建筑的实际状况适当降低要求。

② 在砖混结构的顶部增加一层轻型钢结构。由于轻型钢框架有较好的抗变形能力，抗震性能好，所以顶部增加的一层轻型钢框架可不计入房屋总高度和总层数的限制范围之内，但应考虑地震作用效应。

由于轻型钢结构的刚度和质量都比下部主体结构小得多，因此会产生非常显著的鞭梢效应，为确保轻型钢结构房屋的整体性和稳定性以及力的传递，顶层轻型钢框架部分应设置可靠的支撑系统，框架柱顶部节点应采用刚接，框架柱与圈梁的连接可采用铰接，顶层圈梁的高度不得小于 300mm，宽度同墙厚，顶层屋盖宜为现浇钢筋混凝土屋盖；当采用预制屋盖时，应设置厚度不小于 40mm 的刚性面层。

(2)钢筋混凝土结构上部增层。

① 在地震高烈度区(8 度及以上)，对于既要改变使用功能，又要上部增层的钢筋混凝土框架结构而言，仅对改造加固部位进行加强是不够的，应从结构整体出发，避

免部分构件加固后薄弱部位的转移。

② 对于增层后抗震等级提高的钢筋混凝土框架结构,应从抗震构造角度鉴定原有框架网、框架梁能否满足提高抗震等级后的要求。

③ 对原结构截断框架梁、楼板开大洞,抽去原有框架柱使小柱网改成大空间等的建筑改造,也要从概念设计出发,考虑新增构件的设置或原有构件的加强、去除对整个建筑扭转效应的影响,尽可能使加固后结构的重量和刚度分布比较均匀对称。

④ 改造增层后的钢筋混凝土结构层间弹性位移角、弹塑性位移角值应满足规范要求。

(3)多层内框架结构和底层框架结构上部增层。

多层内框架结构和底层框架结构进行上部增层后的房屋总高度和总层数限值不应超过表 3-1 的规定。

表 3-1　上部增层结构总高度与总层数的限值

上部增层类型	烈度 6 度		烈度 7 度		烈度 8 度	
	总高度/m	总层数	总高度/m	总层数	总高度/m	总层数
底层框架砖房	19	6	19	6	16	5
多排柱内框架砖房	16	5	16	5	14	4
单排柱内框架砖房	14	4	14	4	11	3

注:总高度指室外地面到建筑檐口的高度,半地下室从室内地面算起,全地下室从室外地面算起。

2. 内部增层施工

内部增层是指在建筑室内增加楼层或夹层的一种改建方式。它的特点是可充分利用建筑室内的空间,只需在室内增加承重构件,可利用原建筑屋盖及外墙等部分结构,保持原建筑立面。因此,它是一种更经济合理的增层方式。

1)技术分类

内部增层的改造形式有整体式、吊挂式、悬挑式等。

(1)整体式内部增层。

在内部增层时,将原建筑内部新增的承重结构与原结构连在一起共同承担房屋增层后的总竖向荷载及水平荷载。它的优点是可利用原建筑墙体、基础潜力,整体性好,有利抗震;缺点是有时需对原建筑进行加固。该种增层方法一般用于局部增层,增层荷载传给原结构柱及基础,大多需要加固处理。

图 3-24 为某框架结构,原中间部分为采光天井,后因使用需要,将中间部分局部增层,加层梁直接与原框架柱连接。

（2）吊挂式内部增层。

当原建筑内部净空较大，增层荷载较小，且在加层楼板平面内不方便新旧结构连接时，可以通过吊杆将增层荷载传递给上部的原结构梁、柱，也称为吊挂增层。吊挂增层中的吊杆只承受轴向拉力，与原结构梁、柱的连接要求可靠，并应具备一定的转动能力。由于吊杆属于弹性支座，加层楼板与原建筑之间应留有一定的间隙，使加层结构能够上下自由移动。吊挂增层一般只能小范围增加一层，如图 3-25 所示。

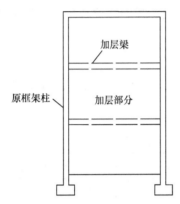

图 3-24　利用原柱体设梁增层示意图

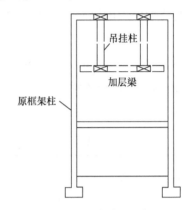

图 3-25　吊挂增层示意图

（3）悬挑式内部增层。

当原建筑内部增层不允许立柱、立墙，又不宜采用吊挂结构时，可采用悬挑式内部增层。此方法主要应用于在大空间内部增加局部楼层面积，且该增层面积上的使用荷载也不宜太大。通常做法是利用内部原有周边的柱和剪力墙做悬挑梁，确保悬挑梁-柱和剪力墙有可靠连接且为刚性连接。此时，悬挑的跨度也不宜太大。由于悬挑楼层的所有附加荷载全都作用在原结构的柱和墙上，通常需要验算原结构的基础及柱、墙的承载力，必要时应采取加强和加固措施。

（4）其他内部增层。

除上述三种内部增层方式外，内部增层还有以下几种情况：①因生产工艺改变，在内部增设备种操作平台。②因使用功能改变，需在内部增加设备层。

2）施工工艺

主体结构内部增层施工工艺流程如图 3-26 所示。

图 3-26　主体结构内部增层施工工艺流程

3）施工要求

由于内部增层方式都与原结构发生关系，新增结构和原结构相连，因此，对原结构的受力和变形都有影响。应考虑新旧结构在荷载作用下的协调工作，设计者应根据增层设计方案，选择合理的计算简图及计算方法，采取可靠的连接构造措施。

(1)根据房屋增层鉴定的要求，应按现行国家有关标准规范，对增层后相连接并对结构产生影响的地基基础、墙体结构、混凝土构件等，进行承载力和正常使用极限状态的验算。

(2)内部增层后的房屋应避免荷载差异过大，尽量减小地基不均匀沉降。

(3)内部增层部分采用钢筋混凝土加大基础时，应满足现行国家规范《建筑地基基础设计规范》(GB 50007—2011)、《混凝土结构设计规范(2015 年版)》(GB 50010—2010)中有关规定的要求；在承载力验算时，混凝土和钢筋的强度设计值乘以 0.8 的折减系数。

(4)对于内部增层建筑抗震设计，应首先对不符合抗震要求的原房屋进行抗震加固设计；其次对增层部分构件进行抗震设计；最后对增层后的整体房屋进行抗震验算。

(5)当地震区采用悬挑式内部增层时，增层部分构件设计中除考虑一般荷载作用下强度和变形验算外，跨度较大的悬挑还应考虑竖向地震作用效应的影响，相应传到原结构柱、墙上的荷载也应考虑竖向地震作用。

(6)对于内部增层的结构而言，仅对改造加固部位进行加强是不够的，还应从结构整体出发，考虑结构的抗震性能，避免部分构件加固后薄弱部位的转移。

(7)内部增层后结构层间弹性位移角、弹塑性位移角值仍应满足规范要求。

(8)当内部增层结构与原建筑相连时，应保证新旧结构有可靠的连接，并应符合下列规定。

① 单层砖房结构内部增层时，室内纵、横墙与原房屋墙体连接处应设构造柱，并用锚栓与旧墙体连接，在新增楼板处加设圈梁。

② 钢筋混凝土结构或钢结构内部增层时，新增结构梁与原有结构柱的连接宜采用铰接；当新增结构柱与原有结构柱的刚度比 $N_p \leqslant 1/20$ 时，可不考虑新增结构柱对原有结构柱的作用。

③ 新增结构的基础设置，应考虑对原建筑结构基础及设备基础的不利影响。

(9)吊挂式内部增层和悬挑式内部增层应尽量降低增层部分的结构重量，一般建议采用钢结构。

3. 外套增层施工

外套增层是指在原建筑上外设外套结构进行增层，使增层的荷载基本上通过在原建筑外新增设的外套结构构件直接传给新设置的基础和地基的增层方法。当在原建筑上要求增加层数较多，需改变建筑平面和立面布置，原承重结构及地基基础难以承受过大的增层荷载，增层施工过程中无法停止使用等情况，不能采用上部增层时，一般可以采用外套增层。

1)技术分类

(1)分离式外套增层。

分离式外套增层结构形式主要有 11 种，如图 3-27 所示。

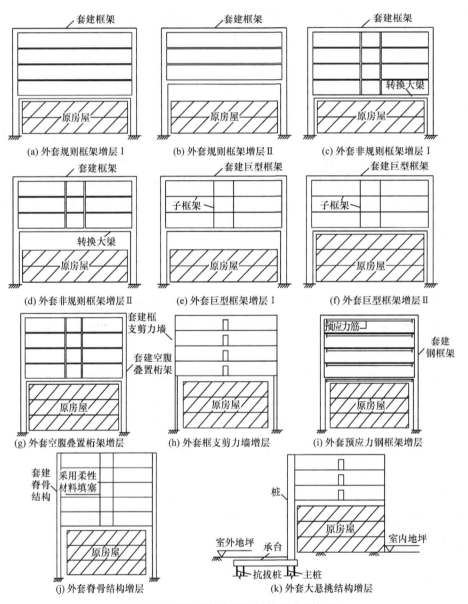

图 3-27　分离式外套增层结构形式示意图

(2)协同式外套增层。

协同式外套增层结构形式主要有 4 种，如图 3-28 所示。

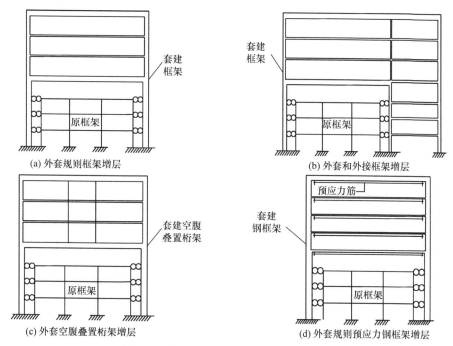

(a) 外套规则框架增层 (b) 外套和外接框架增层

(c) 外套空腹叠置桁架增层 (d) 外套规则预应力钢框架增层

图 3-28 协同式外套增层结构形式示意图

外套增层根据原有结构的特点、新增层数、抗震要求等因素，采用框架结构、框架-剪力墙结构或带筒体的框架-剪力墙结构等形式。一般来说，当原建筑为砌体结构时，多以分离式外套增层为主；当原建筑为钢筋混凝土结构时，多采用协同式外套增层。

2）施工工艺

主体结构外套增层施工工艺流程如图 3-29 所示。

图 3-29 主体结构外套增层施工工艺流程

3）施工要求

外套增层的荷载通过外套结构直接传至新设置的基础，再传至地基。在外套增层施工中应满足下列相关要求。

（1）外套增层结构横跨原建筑的大梁，一般跨度均较大，有的可达十几米，甚至更大。因此，大梁应采用比较先进的结构形式，如预应力结构、钢筋混凝土组合结构、桁架结构、空腹桁架结构、钢结构等。这样可减小大梁的断面，相应减小新外套增层的层高和总高度。

（2）一般情况下，外套增层一般采用的结构体系包括：①底层框剪上部砖混结构，即在原建筑外套"底层框架-剪力墙，上部各层为砖混结构"；②底层框剪上部框架结构，即在原建筑外套"底层框架-剪力墙，上部各层为框架结构"；③底层框剪上部框剪结构，即在原建筑外套"底层及上部各层均为框架-剪力墙结构"；④底层框架上部砖混结构，即在原建筑外套"底层框架，上部各层为砖混结构"；⑤底层框架上部框架结构，即在原建筑外套"底层及上部各层均为框架结构"。

(3)外套增层的层数根据具体情况和需要可达几层至十几层，甚至更多，这可使建筑场地的容积率加大几倍至十几倍。外套增层结构的建筑总高度和总层数，应根据抗震设防烈度、场地类别、使用要求、经济效益等综合确定，一般不宜超过表 3-2 的规定。

表 3-2　外套增层结构总高度和总层数的限值

外套增层类型	非抗震设防区		烈度 6 度		烈度 7 度		烈度 8 度	
	总高度/m	总层数	总高度/m	总层数	总高度/m	总层数	总高度/m	总层数
底层框剪上部砖混	21	7	19	6	19	6	19	5
底层框剪上部框架	24	8	24	8	21	7	19	6
底层框剪上部框剪	30	10	27	9	24	8	21	7
底层框架上部砖混	19	6	—	—	—	—	—	—
底层框架上部框架	21	7	19	6		6	—	—

当采用在原建筑每侧均增设单排柱的外套框架增层方案时，原建筑高度不宜超过 15m，跨度不宜大于 15m，增层后的建筑总高度不宜超过 24m，其综合效应较好。

外套结构建筑总层数为 7 层或 7 层以下时，宜选用普通框架体系、带过渡层的框架体系或框架-剪力墙体系。总层数为 8 层及 8 层以上时，宜选用巨型框架体系或框架-剪力墙体系。巨型框架体系或带过渡层的框架体系宜采用部分预应力混凝土框架结构。

(4)外套增层结构的底层层高不宜超过表 3-3 的规定。

表 3-3　外套增层结构底层层高的限值

外套增层类型	非抗震设防区	烈度 6 度	烈度 7 度	烈度 8 度
底层框剪上部砖混	12	12	9	9
底层框剪上部框架	15	15	12	12
底层框剪上部框剪	18	18	15	15
底层框架上部砖混	9	—	—	—
底层框架上部框架	12	12	8	—

(5)外套增层结构的剪力墙间距不应超过表 3-4 的规定。

表 3-4　外套增层结构剪力墙最大间距 （单位：m）

外套增层类型	非抗震设防区		烈度 6 度		烈度 7 度		烈度 8 度	
	底层	上部各层	底层	上部各层	底层	上部各层	底层	上部各层
底层框剪上部砖混	25	15	25	15	21	15	18	11
底层框剪上部框架	4B	—	4B	—	4B	—	4B	—
底层框剪上部框剪	4B	4B	4B	4B	4B	4B(3B)	4B	3B(2.5B)
底层框架上部砖混	—	—	—	—	—	—	—	—
底层框架上部框架	—	—	—	—	—	—	—	—

注：表中 "B" 为外套增层结构总宽度；表中括号内数字用于装配式楼盖。

(6)外套增层结构的建筑高宽比不应超过表 3-5 的规定。

表 3-5　外套增层结构建筑高宽比的限值

外套增层类型	非抗震设防区	烈度 6 度	烈度 7 度	烈度 8 度
底层框剪上部砖混	3.0	2.5	2.5	2.0
底层框剪上部框架	5.0	4.0	4.0	3.0
底层框剪上部框剪	5.0	4.0	4.0	3.0
底层框架上部砖混	3.0	—	—	—
底层框架上部框架	4.0	4.0	4.0	—

(7)外套增层的外套部分和增层部分是完全新建的建筑，其建筑立面、装修风格等应与周围建筑物相协调。特别是在进行旧城改造时，采用外套增层可满足城市规划的外观要求，提高城市现代化的整体水平。

(8)外套增层不受原建筑的限制和影响，可选用各种新的建筑材料和先进的结构形式。外套增层与原建筑完全分开时，两者使用年限的差别得到解决。原建筑达到使用年限需拆除时，不影响外套增层建筑继续使用。

(9)外套增层结构的基础应与原建筑的基础分开，应优先选用在施工中无振动的桩基(如钻孔灌注桩、人工挖孔桩、静压预制钢筋混凝土桩等)，其承载力宜通过试验确定；当外套增层结构荷载较小且为Ⅰ、Ⅱ类场地时，也可采用天然地基，但应采取措施，防止对原建筑及相邻建筑产生不利影响。

3.2.3　内嵌施工技术

内嵌，是指当原建筑室内净高较大时，可在室内内嵌新的建筑，它和内部增层类似，是在原建筑室内增加楼层或夹层的一种改建方式。但又与内部增层不同的是，内嵌是在室内设置独立的承重抗震结构体系，新增结构与原有结构完全脱开，如图 3-30 所示。

图 3-30　内嵌结构

1）施工工艺

主体结构内嵌施工工艺流程如图 3-31 所示。

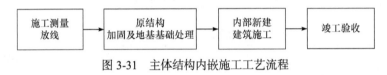

图 3-31　主体结构内嵌施工工艺流程

2）施工要求

一般来说，因使用功能要求，需将原房屋大空间改为多层，在大空间内增设框架结构，其荷载通过内增框架直接传给基础。室内内墙框架与原建筑物完全脱开。这种建筑结构按照新建建筑进行施工。

采用内嵌的改建形式时，由于新增结构与原建筑主体结构完全脱开，新增结构与原有结构按各自的结构体系分别进行承载力和变形的计算，无须考虑相互间的影响。新增结构与原有结构脱开，该形式的结构设计简图明确，可按一般新建建筑进行承载力和变形计算。

此外，新增结构应有合理的刚度和承载力分布，应自成独立的结构体系。结构应有足够的刚度，防止在水平作用下变形过大而与原建筑发生碰撞，或与原建筑保持足够的空隙，确保新、旧建筑的自由变形。因此，内嵌的改建形式，不仅要保证新、旧结构的变形验算满足规范变形规定，还应验算两者在各种荷载工况作用下发生最大变形后不发生碰撞。

3.2.4　下挖施工技术

下挖，是指在不拆除原建筑、不破坏原有环境以及保护文物的前提下，将原建筑进行地下空间开挖，以建造新的地下空间等，能够合理解决新老建筑的结合和功能的拓展问题。

下挖技术是一项非常复杂的技术过程，它包含了对原建筑的基础托换、置换、开挖以及室内新构件制作与旧构件连接等一系列的技术问题，由于受到安全、规划等众多因素影响，目前运用不多。

1) 技术分类

下挖的改建形式有延伸式、水平扩展式、混合式三种。

(1) 延伸式下挖。

延伸式下挖，是通过下挖直接在原建筑底下向下延伸。这种改建方式虽然不占用原建筑周边的地下空间，但受原建筑的限制，较小占地面积的建筑下挖后其使用功能将可能不太完美，而且造价会较高，如图 3-32、图 3-33 所示。

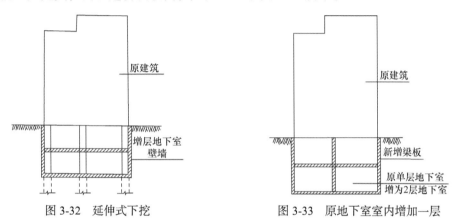

图 3-32　延伸式下挖　　　　　　图 3-33　原地下室室内增加一层

(2) 水平扩展式下挖。

水平扩展式下挖，是充分利用原建筑的周边空地，在空地上增加地下室。这种增层方法需占用原建筑周边的地下空间，很少受建筑本身原结构条件的制约，下挖空间根据周边环境情况设计，相对延伸式下挖来讲造价要低一些。该方式通常将下挖和增层有机结合起来，可形成建筑的外扩式建筑结构，如图 3-34 所示。

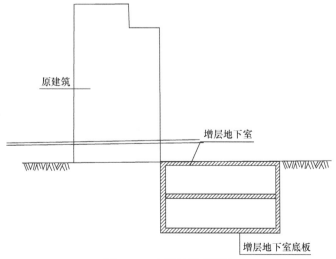

图 3-34　水平扩展式下挖

（3）混合式下挖。

混合式下挖，是对水平扩展式下挖和延伸式下挖的综合运用，既可扩展建筑自身的地下空间，又可利用建筑周边的地下空间进行下挖。这种改建方式可将建筑的地下空间变得宽敞，充分利用有效的地下空间资源，是较好的下挖方式，如图 3-35 所示。

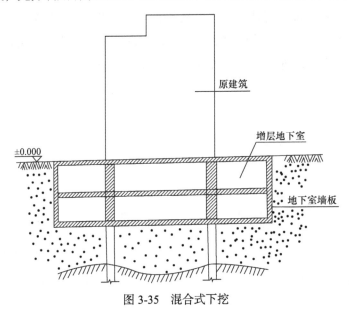

图 3-35　混合式下挖

2）施工工艺

主体结构下挖施工工艺流程如图 3-36 所示。

图 3-36　主体结构下挖施工工艺流程

3）施工要求

下挖施工时，可能会由土体开挖或抽水引起被下挖建筑和相邻建筑基础产生下沉，或者由下挖引起荷载改变等，需对被下挖建筑或相邻建筑进行必要的地基与基础加固。其加固方法有复合地基法，即灌浆法、湿喷桩法等，桩式托换法，即锚杆静压桩、钻孔桩、嵌岩钢管桩等。具体的方法根据土质情况、开挖影响情况以及建筑物的原基础状况等综合决定。

当采用桩式托换法进行下挖施工时，应符合如下施工顺序。

（1）当被下挖建筑基础（或桩承台）埋深小于下挖高度时。做托换桩体→在原柱基础（或桩承台）以上做临时托换梁（或托换承台）→将托换结构与上部结构进行临时托换连接→开挖土方到地下室的所需标高→在地下室底板标高以下做永久托换梁（或托换承台)→将托换桩体和旧桩体相连形成新的托换体系→在新的托换体系和被增层建筑物的柱子之间做永久托换柱→把永久托换柱与原柱相连→凿除(或切除)临时托换梁(或托换承台)和地下室底板以上多余的桩体以及旧承台或旧基础的宽大部分。

(2) 当被下挖建筑基础(或桩承台)埋深大于下挖高度时。做托换桩体→在原柱上合适位置做临时托换梁(或托换承台)→开挖土体到地下室开挖所需的标高→在地下室开挖底板标高以下做永久托换梁(或托换承台)→凿除(或切除)临时托换梁(或托换承台)以及地下室底板以上多余的桩体。

3.3　表皮更新技术

表皮更新是土木工程再生利用新功能风格的直观表现,它和改造后建筑的功能在一定程度上决定着土木工程改造的成败。表皮更新除具有建筑美观功能外,还具有保温、隔热、隔声、防水防潮、耐火的性能,因此应选择合适的表皮更新再生利用技术。本书中介绍的土木工程表皮更新主要分为:不透明部分,包括屋顶和外墙;透明部分,包括屋顶上的天窗和外墙上的门窗。

3.3.1　外墙更新技术

1. 砌筑工程施工

1)砖砌体施工方法

砖砌体施工工序通常包括抄平→放线→摆底(摆砖)→立皮数杆→盘角→挂线→砌砖→清理。清水墙还要进行勾缝及清扫墙面等。

(1)抄平。砌筑前在基础±0.000 标高或楼面上抄平,并用 1∶3 的水泥砂浆或 C10 等级的细石混凝土做出标志,使楼层的标高符合设计要求。

(2)放线。在底层,从龙门板上引出纵横墙的轴线和边线,定出门窗洞口位置。在楼层上,则可用经纬仪将轴线由底层红线引上,以免偏差积累,并弹出各墙边线,画出门窗位置。各楼层外墙窗口位置应在同一垂直线上。

(3)摆底(摆砖)。在弹好线的基面上按选定的组砌方式摆底,以调整竖向灰缝均匀一致,并应使门窗洞口、窗间墙长度符合砖的标准模数,以免砍砖。

(4)立皮数杆。皮数杆是木制或铝合金方杆,砌筑墙体时,用以控制墙体及门窗洞口、过梁、圈梁等部位的标高。应在皮数杆上标出砖块皮数及灰缝厚度。皮数杆应按基础和楼层分别画制设立。设置时均应抄平,使层间皮数杆标高一致,其相隔距离不宜大于 15m,一般设在墙的拐角和楼梯间等处。

(5)盘角、挂线。盘角是指在砌墙时先砌墙角,然后从墙角处拉准线,再按准线砌中间的墙。砌筑过程中应三皮一吊、五皮一靠，保证墙面垂直平整。

(6)砌砖。砌筑方法宜采用"三一"砌法，即一块砖、一铲灰、一挤揉，并随手将挤出的砂浆刮去。当采用铺浆法砌筑时，铺浆长度不得超过 750mm，施工期间气温超过 30℃时，铺浆长度不得超过 500mm。

2)砌块砌体施工方法

砌块砌体施工工序通常包括砌筑前准备→立皮数杆→铺设砂浆→砌块就位→灌缝→镶砖。

(1)砌筑前准备。砌块施工时所用砌块的产品龄期不小于 28 天，用砌块砌墙时应控制砌块上墙前的湿度，混凝土砌块和黏土砖的显著差别是前者不能浸水或浇水，以免砌块吸水膨胀。在天气特别干热的情况下，因砂浆水分蒸发过快，不便施工时，可在砌筑前稍微喷水润湿。

(2)立皮数杆。在房屋四角设立皮数杆，杆间距不得超过 15m，皮数杆上应标出各皮砌块的高度及灰缝厚度，在砌块上边线拉准线，砌块依准线砌筑。

(3)铺设砂浆。对于通孔小砌块，应在砌块的壁肋上铺设砂浆，通孔小砌块有铺浆面与坐浆面之分，其铺浆面上的壁肋较坐浆面上的壁肋厚，所以为了便于铺设砂浆，应把铺浆面朝上反砌于墙上；如果砌块为盲孔小砌块，则应把封底面(铺浆面)朝上砌筑，并在砌块的盲孔面上满铺砂浆。铺浆应均匀平整，其长度一般不超过两块主规格块体的长度。

(4)砌块就位。一般采用摩擦式夹具，夹砌块时应避免偏心，按砌块排列图将所需砌块吊装就位，注意光面放置在同侧；放置时应对准位置将砖块徐徐下落于砂浆层上，待砌块安放稳定后，方可松开夹具。

(5)灌缝。灌注竖缝时，用木板夹夹住竖缝两侧，一般采用砂浆或细石混凝土灌缝，并用竹片或者钢筋条插捣密实，收水后用刮缝板把竖缝和水平缝刮齐，此后不允许再撬动砌块，以防损坏砂浆黏结力。

(6)镶砖。

2. 装饰工程施工

1)抹灰工程施工方法

(1)一般抹灰施工。

一般抹灰施工的工艺流程如图 3-37 所示。

图 3-37 一般抹灰施工的工艺流程

(2)装饰抹灰工程施工。

以水刷石为例介绍装饰抹灰工程施工的工艺流程，如图 3-38 所示。

图 3-38　水刷石装饰抹灰工程施工的工艺流程

2)涂饰工程施工方法

涂饰工程是指将涂料施涂于基层表面上以形成装饰保护层的一种装饰工程。涂饰工程施工工艺流程如图 3-39 所示。

图 3-39　涂饰工程施工工艺流程

3)饰面板(砖)施工方法

饰面工程是指将块料面层粘贴或安装在基层表面上的一种装饰方法，块料面层主要有饰面砖和饰面板两大类。

(1)饰面砖镶贴施工方法。

饰面砖镶贴一般指外墙釉面砖和无釉面砖、陶瓷锦砖以及玻璃锦砖的镶贴。

① 外墙釉面砖。

镶贴外墙釉面砖的施工工艺流程如图 3-40 所示。

图 3-40　镶贴外墙釉面砖的施工工艺流程

② 陶瓷锦砖和玻璃锦砖。

镶贴陶瓷锦砖(马赛克)和玻璃锦砖的施工工艺流程如图 3-41 所示。

图 3-41　镶贴陶瓷锦砖(马赛克)和玻璃锦砖的施工工艺流程

(2)饰面板施工方法。

饰面板主要有石材饰面板、木质饰面板、金属饰面板、玻璃饰面板等。墙面常用石材饰面板，安装的工艺有湿法工艺、干法工艺和 GPC 工艺，如图 3-42 所示。

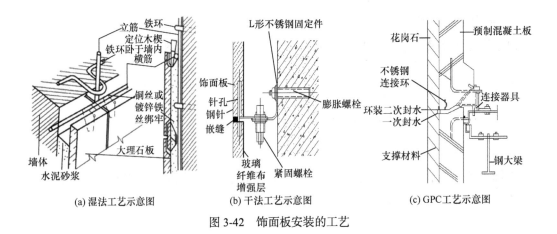

(a) 湿法工艺示意图　　　　(b) 干法工艺示意图　　　　(c) GPC工艺示意图

图 3-42　饰面板安装的工艺

3.3.2　屋顶更新技术

1. 钢屋顶施工

1) 钢屋架的制作

施工现场有足够的场地，钢屋架拟安排在施工现场制作，每榀钢屋架分两段制作，安装前在现场进行拼装，拼装方式采用屋脊节点拼装，拼装完成经检查合格后进行吊装及安装工作。钢屋架下弦应起拱，以三角形钢屋架的制造工艺为例：加工准备及下料→喷砂除锈、喷漆防腐→零件加工→小装配（小拼）→总装配（总拼）→屋架焊接→支撑连接板、檩条、支座角钢装配、焊接→成品检验→除锈、喷漆、编号。

2) 钢屋盖的安装

(1) 准备工作。安装施工应严格按施工组织设计或施工方案进行，对特殊构件或施工方法应进行现场试吊，钢屋架安装前应验算屋架的侧向刚度，刚度不足时应该进行加固。加固宜采用木枋或杉杆，安装前应认真核对构件数量、规格、型号、弹好安装对位线。

(2) 钢屋架安装。

① 绑扎。钢屋架的绑扎点应设在上弦节点处，并满足设计或标准图规定，当钢屋架跨度大、拔杆长度受限时，应采用铁扁担，绑扎点应用柔性材料缠绕保护，在吊升前应将校正用的刻有标尺的支架、缆风绳等固定在钢屋架上。

② 吊升就位。钢屋架吊升时，应用系在钢屋架上的溜绳控制其空中姿态，防止碰撞，便于就位，钢屋架在柱顶准确就位后，应及时用螺栓或点焊临时固定，此时吊机应处于受力状态，以便辅助完成校正工作。

③ 校正。钢屋架校正可采用经纬仪校正屋架上弦垂直度的方法，在屋架上弦两端和中央夹三把标尺，待三把标尺的定长刻度在同一直线上时，钢屋架的垂直度校正完毕。

④ 钢屋架校正完毕后，拧紧钢屋架临时固定支撑两端的螺栓和屋架两端搁置处的螺栓，随即安装钢屋架永久支撑系统。

3) 彩钢板屋面的安装

(1) 放线。

① 由于彩钢板屋面板和墙面板是预制装配结构，故安装前的放线工作对后期安装质量起到保证作用，安装前应对安装面上的已有建筑成品进行测量，对达不到安装要求的部分提出修改方案。对施工偏差进行记录，并针对偏差提出相应的安装措施。

② 根据排板设计确定排板起始线的位置。屋面施工中，先在檩条上标定出起点，即沿跨度方向在每个檩条上标定出排板起点，各个点的连线应与建筑物的纵轴线相垂直，然后在板的宽度方向每隔几块板继续标注一次，以限制和检查板的宽度安装偏差积累。同样，墙面板安装也采用类似的方法放线，除此之外，还应标定其支承面的垂直度，以保证形成墙面的垂直平面。

③ 屋面板及墙面板安装完毕后，应对配件的安装进行二次放线，以保证檐口线、屋脊线、门窗口线和转角线等的水平度和垂直度。

(2) 板材吊装。

彩钢板的吊装方法很多，如自行式起重机吊升、塔式起重机吊升、卷扬机吊升和人工提升等，自行式起重机吊升、塔式起重机吊升多采用横吊梁多点提升的方法，这种吊装方法一次可提升多块砖，提升方便，被提升板材不易损坏，但在大面积施工中，提升的板材往往不易送到安装点，需要进行屋面上的长距离人工搬运，屋面上行走困难，易破坏已装好的彩钢板。

(3) 板材安装。

① 实测安装板材的实际长度，按实测长度核对对应板号的板材长度，需要时可对板材进行剪裁。

② 将提升到屋面的板材按排板起始线放置，对准起始线，使板材的宽度覆盖标志线，并在板长方向两端排出设计的构造长度。

③ 用紧固件紧固两端后，再安装第二块板，安装顺序为先左后右，自上而下。

④ 安装到下一放线标志点处，复查板材安装的偏差，当满足设计要求后进行板材的全面紧固，当不能满足要求时，应在下一标志段内调正，当在本标志段内可调正时，可调整本标志段后再全面紧固，依次全面展开安装。

⑤ 安装夹芯板时，应挤密板间缝隙。当就位准确，仍有缝隙时，应用保温材料填充。

⑥ 对安装完的屋面，应及时检查有无遗漏紧固点。对保温屋面，应将屋脊的空隙处用保温材料填满。

⑦ 在紧固自攻螺栓时应掌握紧固的程度，不可过度，过度会使密封垫圈上翻，甚

至将板面压得下凹而积水，紧固不够会使密封不到位而出现漏雨。

⑧ 对于板的纵向搭接，应按设计铺设密封条和密封胶，并在搭接处用自攻螺丝或带密封垫的拉铆钉连接，紧固件应搭在密封条处。

2. 混凝土屋顶施工

1) 钢筋混凝土屋盖的安装

屋架是屋盖系中的主要构件，除屋架之外，还有屋面板、天窗架、支撑天窗挡板及天窗端壁板等构件。屋架的侧向刚度较差，扶直时由于重力作用，容易改变杆件的受力性能，特别是杆件极易扭曲造成屋架损伤，因此，扶直和吊装时必须采取有效的措施才能施工。

(1)屋架的扶直和就位。

扶直屋架时，由于起重机和屋架的相对位置不同，可分为正向扶直和反向扶直。

正向扶直：起重机位于屋架下弦一边，以吊钩对准屋架中心，使屋架以下弦为轴缓缓起吊为直立状态。

反向扶直：起重机位于屋架上弦一边，以吊钩对准屋架中心，使屋架以下弦为轴缓缓起吊为直立状态。

(2)屋架的绑扎。

屋架的绑扎点应选在上弦节点处，左右对称，并高于屋架重心，在屋架两端应加溜绳，以控制屋架转动。起吊屋架时，吊点的数目与屋架的形式和跨度有关。当屋架跨度小于或等于18m时，应绑扎两点；当屋架跨度大于18m，而小于或等于30m时，应绑扎四点；当屋架跨度大于30m时，为四点绑扎，并应考虑用横吊梁；对三角形屋架等刚性较差的屋架，绑扎时也应采用横吊梁。绑扎时绳索与水平面的夹角不宜小于45°，以免屋架承受过大的横向压力。

屋架吊升是先将屋架调离地面约300mm，然后将屋架转至吊装位置下方，再将屋架提升超过柱顶约300mm，然后将屋架缓缓降至柱顶进行对位。屋架对位应以建筑物定位轴线为准。因此，在安装前应用经纬仪或其他工具在柱顶放出建筑物的定位轴线。屋架对位正确后，立即进行临时固定，然后使起重机脱钩。

第一榀屋架的临时固定必须十分可靠，因为它只是单榀结构，而且第二榀屋架的临时固定还要以第一榀屋架作为支撑。第一榀屋架的临时固定方法是用 4 根缆风绳从两边将屋架拉牢，也可将屋架与抗风柱连接作为临时固定。第二榀屋架的临时固定方法是用屋架校正器(工具式支撑)临时固定于前一榀屋架上。以后各榀屋架用同样的方法进行临时固定，每榀屋架至少用 2 个屋架校正器，当屋架最后固定并安装了若干大型屋面板后，才可将屋架校正器取下。

(3)校正、最后固定。

屋架的校正主要是校正垂直度，一般用经纬仪或垂球检查，用屋架校正器来纠正偏差。屋架上弦(在跨中)对通过两支座中心垂直面的偏差不得大于 1/250 屋架高。用经纬仪检查屋架垂直度时，在屋架上弦安装 3 个卡尺，一个安装在上弦中点附近，另两个安装在屋架两端，距屋架几何中线向外量出一定距离(0.5～1 m)，在卡尺上做出标志。然后在屋架定位轴线同样距离处设置经纬仪，观察 3 个卡尺上的标志是否在同一垂直平面上。然后观测屋架中间腹杆上的中心线(吊装前已弹好)，若其偏差超过规定数值，可转动工具式支撑上的螺栓加以纠正，并在屋架端部支撑面处垫入薄钢板，校正无误后，立即将其两端支撑与柱顶预埋钢板焊牢作最后固定，应对角施焊，以免焊缝收缩导致屋架倾斜。

2) 屋面板的安装

屋面板四角一般都埋有吊环，用带钩的吊索钩吊环即可吊升。起吊时，应使四根吊索拉力相等，屋面板保持水平。

屋面板应自两边檐口左右对称地逐步向屋脊安装，避免屋架承受半边荷载。屋面板就位后，立即与屋架电焊固定，每块屋面板应至少有 3 个角与屋架焊牢。

3.3.3　门窗更新技术

1. 钢门窗施工

钢门窗具有强度高、刚度大、不易变形、稳定性好、耐久性好等特点。钢门窗在安装时可按以下工序进行：弹控制线→立钢门窗→校正→门窗框固定→安装五金零件→安装纱门窗。钢门窗安装前应仔细检查，若发现有翘曲、启闭不灵活现象，应将其调整至符合要求。下面是安装的具体做法。

1) 弹控制线

门窗安装时应弹出离楼地面 500mm 高的水平控制线，按门窗安装标高、尺寸和开启方向，在墙体预留洞口四周弹出门窗就位线。

2) 立钢门窗、校正

钢门窗采用后塞框法施工，安装时先用木楔块临时固定，木楔块应塞在四角和中梃处；然后用水平尺、对角线尺、线锤校正其垂直度与水平度。双层钢窗的安装距离必须符合设计要求，以便开启、关闭、擦洗及更换零件方便，两窗之间的距离当设计无规定时，可取 100～150mm。

3) 门窗框固定

钢门窗与墙体的连接方法视墙体材料而定。门窗位置确定后，将铁脚埋入预留墙洞内或与预埋件焊接。埋铁脚时，用 1∶2 的水泥砂浆或细石混凝土将洞口缝隙填实，养护 3 天后取出木楔块；然后将门窗框与墙之间的缝隙嵌填饱满，并用密封胶密封。

当墙体为钢筋混凝土墙时，先在连接位置处设预埋件（由钢板与钢筋焊成）。钢门窗入洞口并校正后，将燕尾铁脚焊于预埋件上并用螺栓将门窗框与燕尾铁脚拴牢，最后用 1∶2 的水泥砂浆将门窗框与墙之间的缝隙填满。

4）安装五金零件

钢门窗零附件安装前，应检查门窗开启是否灵活，关闭后是否严密，否则应做适当调整。零附件的安装宜在墙面装饰完成后进行。安装时按生产厂家提供的零附件安装示意图及说明，试装无误后，方可进行正式安装。安装零附件时，位置应正确。各类五金零件的转动和滑动配合处应灵活，无卡阻现象；装配螺钉拧紧后不得松动，埋头螺钉不得高于零件表面；密封条应在门窗最后一遍涂料干燥后再进行安装，以免涂料中的溶剂引起密封条溶胀或溶解，使密封条黏结不牢甚至损坏。钢门窗和铝合金门窗安装密封条时，密封条长度应比实测裁口长 10～20mm，并须压实黏牢；在转弯处，应将密封条成斜坡断开并拼严压实黏牢。

5）安装纱门窗

安装纱门窗前，先检查压纱条和扇是否配套，再将纱裁成比实际尺寸宽 50mm 的纱布，绷纱时，先用螺丝拧入上下压纱条再装两侧压纱条，切除多余纱头，金属纱装完后集中刷油漆，交工前再将门窗扇安在门窗框上。对于安装高度或宽度大于 1400mm 的纱窗，装纱前应在纱扇中部用木条临时支撑。

2. 塑钢门窗施工

塑钢门窗是以聚氯乙烯树脂、改性聚氯乙烯或其他树脂为主要原料，以轻质碳酸钙为填料，添加适量助剂和改性剂，经挤压机制成各种截面的空腹门窗型材，再根据不同的品种规格选用不同截面的型材组装而成的。一般在成形的塑钢门窗型材的空腔内装轻钢或铝合金型材进行加强，从而增加塑钢门窗的刚度，提高塑钢门窗的牢固性和抗风能力。

1）塑钢门窗施工工艺流程

塑钢门窗施工工艺流程为：门窗安装位置弹线→安装门窗框。

2）塑钢门窗施工要点

（1）门窗安装位置弹线。门窗洞口周边的抹灰层或 1 面层达到强度后，按照技术交底文件弹出门窗安装位置线，并在门窗安装位置线上弹出膨胀螺栓的钻孔参考位置，钻孔位置应与门窗框连接件位置相对应。

（2）门窗框安装要点。

① 固定片的安装位置。从门窗框的宽度和高度两端向内各标出 150mm，作为第一个固定片的安装点，中间安装点间距应小于或等于 600mm，并不得将固定片直接安装在中横

框、中竖框的挡头上。若有中横框或中竖框，固定片的安装位置是从中横框或中竖框向两边各标出 150mm，作为第一个固定片的安装点，中间安装点间距应小于或等于 600mm。

② 固定片的安装。先把固定片与门窗框成 45°角放入框背面的燕尾槽口内，顺时针方向把固定片扳成直角，然后手动旋进自攻螺钉固定，严禁用锤子敲打门窗框。

③ 门窗框的安装。

a. 把门窗框放进洞口安装线上就位，用对拔木楔临时固定。校正正面、侧面垂直度，对角线和水平度合格后将木楔固定牢靠。防止门窗框被木楔挤压变形，木楔应塞在门窗角、中竖框、中横框等能受力的部位。门窗框固定后，应开启门窗扇，检查反复开关的灵活度，若有问题应及时调整。

b. 塑钢门窗边框连接件与洞口墙体的固定应符合设计要求。

c. 塑钢门窗底框、上框连接件与洞口墙体的固定同边框固定方法。

d. 门窗与墙体固定时，应先固定上框，然后固定边框，最后固定底框。

e. 塞缝。门窗洞口面层粉刷前，应首先在底框用干拌料填嵌密实，除去安装时临时固定的木楔，在门窗其他周围缝隙内塞入发泡轻质材料(聚氨酯泡沫等)或其他柔性塞缝料，使之形成柔性连接，以适应热胀冷缩。严禁用水泥砂浆或麻刀灰填塞，以免门窗框架变形。

f. 安装五金零件。塑钢门窗安装五金零件时，必须先在框架上钻孔，然后用自攻螺钉拧入，严禁直接锤击打入。

g. 清洁打胶。门窗安装完毕后，应在规定时间内撕掉 PVC 型材的保护膜，在门窗框四周嵌入防水密封胶。

3. 铝合金门窗施工

铝合金门窗是由铝合金型材经过配料、裁料、打孔、攻丝后，与连接件、密封件、配件及玻璃组装而成的。铝合金门窗与普通的钢木门窗相比，具有质量轻、密闭性好、装饰效果好、坚固耐用、可成批定型生产等优点，因而在建筑工程中得到了广泛的应用。

1)铝合金门窗施工工艺流程

铝合金门窗施工工艺流程为：放线→门窗框固定→填缝→铝合金门窗扇安装。

2)铝合金门窗施工要点

(1)放线。在最高层找出门窗口边线，用线锤将门窗口边线下引，并在每层门窗口处画线标记，对个别偏移的洞口边应进行剔凿处理。

(2)门窗框固定。按照在门窗洞口上弹出的门窗位置线及设计要求，将门窗框立于墙的中心线部位或内侧，吊直找平后用木楔临时固定。经检查符合要求后，再将镀锌锚固件固定在门窗洞口内。锚固件是固定铝合金门窗框与墙体的连接件，锚固件与墙体的固定方法有射钉固定法、预留铁脚连接法以及膨胀螺钉固定法等，锚固件应固定牢固，不得松动，其间距不大于 500 mm。

(3)填缝。铝合金门窗安装固定后，门窗与洞口的间隙，应采用矿棉条或玻璃丝毡条分层填塞，缝隙表面留 5～8mm 深的槽口，填嵌密封材料。在施工中注意不得损坏门窗上面的保护膜；若表面玷污了水泥砂浆，应随时擦净，以免腐蚀铝合金，影响外表美观。

(4)铝合金门窗扇安装。安装推拉门窗扇时，将配好的门窗扇分内扇和外扇，先将外扇插入上滑道的外槽内，自然下落于对应的下滑道的外槽内，然后用同样的方法安装内扇。对于可调导向轮，应在门窗扇安装后调整导向轮，调节门窗在滑道上的高度，并使门窗与边框间平行。安装平开门窗扇时，应先把合页按要求位置固定在铝合金门窗框上，然后将门窗扇嵌入框内临时固定，调整合适后，再将门窗固定在合页上，必须保证上、下两个转动部分在同一轴线上。

思 考 题

3-1　简述结构加固技术的概念及作用。

3-2　混凝土结构加固技术有哪些？并对其进行简述。

3-3　砌体结构加固技术有哪些？并对其进行简述。

3-4　钢结构加固技术有哪些？并对其进行简述。

3-5　外接施工技术有哪些？并对其进行简述。

3-6　非独立外接施工的技术特点有哪些？

3-7　增层施工技术有哪些？并对其进行简述。

3-8　内嵌施工技术有哪些施工要求？

3-9　下挖施工技术有哪些施工要求？

3-10　简述表皮更新技术的概念及作用。

参考答案-3

第4章 基础设施施工技术

4.1 道路改造技术

4.1.1 道路维修施工技术

1. 水泥混凝土路面修补技术

1) 水泥混凝土路面接缝的修补技术

路面接缝是水泥混凝土板块的最薄弱部位，一旦填缝料老化损坏，要立即更换填缝料。否则冬季水泥混凝土板块收缩，填缝料与板块之间被拉开，形成空隙，雨雪水渗入路基中，造成板块唧泥。此外，坚硬的石子落入缝内，夏天板块受热膨胀，石子易将板块边缘挤碎。

(1) 填缝料经验配合比。

目前，用于水泥混凝土接缝的填缝料种类较多，常用的有聚氨酯类和沥青胶泥类。设计和施工单位可根据当地的现有材料进行掺配，水泥混凝土接缝填缝料经验配合比（质量比）可参考表4-1。

表 4-1　水泥混凝土接缝填缝料经验配合比（质量比）

编号	掺配沥青		石棉屑	石粉	橡胶粉
	60 号沥青 96%+重柴油 4%	30 号沥青 80%+重柴油 20%或 10 号沥青 85%+重柴油 15%			
1	60～65		5～10	10～15	15～20
2		70～75	5	10	10～15
3		60	10	25	5
4		60	10	25	5

(2) 填缝料的修补技术。

① 用小扁凿将旧填缝料凿除，用钢丝刷清理缝壁，并用皮老虎或吸尘器吹吸干净缝内的尘土。

② 为使填缝料与缝壁牢固黏结，用稀释的沥青涂刷缝壁。当低温施工时，采用喷灯烘吹，使沥青涂刷均匀。

③ 为防止在灌填填缝料时污染水泥混凝土路面，在接缝的两侧路面上各撒一层石粉。

④ 在接缝的底部可填 25～30mm 高的泡沫塑料嵌条，然后用配制好的填缝料进行填缝，缝的顶部应留有 5mm 的膨胀空间。

⑤ 在已填好的接缝上，用烙铁烙平，使接缝密实。

2) 水泥混凝土路面裂缝的修补技术

水泥混凝土路面的裂缝情况比较复杂，在进行修补时必须根据具体的实际情况，采取相应的修补措施。对水泥混凝土路面裂缝的修补，一般常采用压注灌浆法、扩缝灌浆法、直接灌浆法和条带罩面法等。

（1）压注灌浆法。

对于宽度在 0.5mm 以下的非扩展性表面裂缝，可以采用压注灌浆法，其施工工艺如下：

① 用压缩空气将缝隙中的泥土、杂物清除干净；

② 将松香和石蜡按 1∶2 配制并加热熔化；

③ 每隔 30cm 安置一个灌浆嘴；

④ 用胶带将缝口贴牢，并在灌浆嘴及胶带上加封松香石蜡；

⑤ 用压力灌浆器将灌浆材料溶液压入缝内。

（2）扩缝灌浆法。

当为水泥混凝土路面接缝的局部性裂缝且缝口较宽时，可以采用扩缝灌浆法，其施工工艺如下：先顺着裂缝用冲击电钻将缝口扩宽成 1.5cm 的沟槽，槽深根据裂缝深度确定，最大深度不得超过原水泥板厚度的 2/3；然后用压缩空气吹除混凝土碎屑，填入粒径为 0.5cm 的清洁小石屑；再根据选用的裂缝修补材料的使用方法，准备好灌浆材料；最后灌入选用的裂缝修补材料，用远红外灯加热增强 2～3h 即可通车。

（3）直接灌浆法。

对于非扩展性的水泥混凝土路面裂缝，可以采用直接灌浆法，其施工工艺如下：先将缝内的泥土、杂质清除干净，随后用钢丝刷将缝口刷一遍，并用吸尘器将浮土吸掉，确保缝内无水、干燥；接着缝内及路面先铺一层聚氨酯底胶层，厚度为 0.3mm±0.1mm，底胶用量为 0.15kg/m²；然后按要求准备好灌浆材料；最后将灌浆材料灌入缝内，一直使其达到通车强度。

（4）条带罩面法。

对于贯穿全厚的开裂状裂缝，宜采取条带罩面法进行修补，其施工工艺如下：首先顺裂缝两侧各约 20cm，平行于缩缝切 7～10cm 深的两条横缝；在两横缝内侧用风镐或液压镐凿除混凝土 7～10cm；接着沿裂缝两侧 10cm，每隔 50cm 钻一对钯钉孔，钯钉孔的直径略大于钯钉的直径；再用直径为 16mm 的螺纹钢筋制作长 20cm、弯钩长 7cm 的钯钉；随后将孔槽内填满快硬砂浆，并立即安装钯钉；然后人工将切割的缝内壁凿毛,以增强新老混凝土的黏结力;且在修补面上刷一层同混凝土配合的修补砂浆,然后浇筑快硬混凝土;在混凝土上喷洒养护剂养护至规定强度;最后用切缝机加深缩缝,并灌入填缝料。

2. 沥青路面坑槽修补技术

1)乳化沥青技术

当前,我国生产的沥青乳化剂品种很多,在道路维修工程中如何选择合适的沥青乳化剂,对于施工质量和施工速度等方面均有很大影响,一般可根据以下因素来选择。

(1)根据路面的结构和施工工艺来选择沥青乳化剂。路面的结构和施工工艺不同,所使用的沥青乳化剂也不一样。快裂型沥青乳化剂及乳液主要用于喷洒法施工,中裂型沥青乳化剂及乳液主要用于拌和法施工,慢裂型沥青乳化剂及乳液主要用于拌制稀浆封层混合料。

(2)根据生产成本与生产工艺来选择沥青乳化剂。对于不同的沥青乳化剂,生产乳化沥青的成本和工艺是不同的。因此,在选择沥青乳化剂时,一定要仔细分析其使用说明书,力求选择生产工艺简单、生产成本低廉的沥青乳化剂。

(3)根据沥青乳化剂的离子类型来选择。工程实践证明,应用阳离子沥青乳液筑路,可以增强乳液与矿料表面的黏结力,提高路面的早期强度,缩短封闭交通时间,是目前沥青乳化剂的首选品种。综合各种因素,目前国内已很少使用阴离子沥青乳化剂。

2)常温沥青混合料技术

用常温沥青混合料修补路面的坑槽时,应按下列施工工艺进行施工。

(1)在需要修补的坑槽处进行放样,确定作业面范围,用切缝机在坑槽周围切缝,刨出多余的混合料。若没有切缝机,可用人工刨出规整的作业面,作业面要与路面纵向平行,槽壁要垂直。

(2)彻底清扫坑槽,使槽内和槽壁无尘土及杂物。

(3)为使常温沥青混合料与原路面结合良好,应在坑底和槽壁上刷黏层油。

(4)将常温沥青混合料在坑槽内均匀地摊铺整平,松铺系数一般为 1.1～1.3。对于深度大于 4cm 的坑槽,要分层铺筑压实。

(5)用振动夯板将常温沥青混合料夯实。如果没有振动夯板,可用 6～8t 的压路机压实,至乳液均匀上浮为止。

(6)碾压后为了防止初期松散,及早通车,可以在作业面上撒适量矿粉或石屑,以吸收常温沥青混合料中的水分,加快常温沥青混合料迅速成形。

常温沥青混合料不同于热拌沥青混合料,需待乳化沥青破乳后才能成形,为此,要加强初期养护工作。使用常温沥青混合料修补完坑槽后,应按热拌沥青混合料的质量检验标准，对其施工质量进行严格的检验。

3）低温沥青混合料技术

施工前应配备齐常规修补路面坑槽所需的一些小型工具，如铁镐、铁锹、扫帚、汽油喷灯等。压实设备采用振动夯板、钢轮压路机、胶轮压路机等。若无上述压实设备，也可引导过往的车辆碾压。低温沥青混合料修补路面坑槽的施工工艺如下。

（1）按照路面坑槽的大小，先将坑槽凿成两边平行于路中线的外接矩形坑，然后将坑底及侧壁清理干净。有条件的也可用切缝机先切缝，再刨出坑内多余部分的混合料。

（2）用汽油喷灯将沥青路面的坑底及侧壁烤干，以便于使其与低温沥青混合料牢固黏结。

（3）刷黏层油。用刷子蘸着热沥青将坑槽底部及侧壁均匀涂刷上一层热沥青。若无热沥青，可将沥青块置于槽内用锤子砸碎后，用汽油喷灯烤化涂刷。

（4）以上各工序完成后，向坑槽内填入低温沥青混合料，并用耙子将混合料整平。

（5）用压实设备将低温沥青混合料碾压成形，经检查质量合格后即可开放交通。

4.1.2　路基养护修复技术

道路路基暴露于自然环境中，遭受多种外界环境因素的影响，不可避免地将出现各类病害，影响路面结构的使用性能。路基病害总体可归纳为路基沉陷、路基侧滑、路基强度不足及不均匀沉降显著4类病害特征。

在路基建设过程中，受多种因素影响，其质量很难达到均质要求，这就埋下了路基不均匀沉陷的隐患。通车之后，随着时间的推进，车辆的碾压就会使路面产生横向或纵向的变形。随着变形的加大，车辆颠簸的冲击力也就增大，路面和路基破坏也就增快，形成恶性循环，造成公路急剧破坏。

对于路基预防性养护，在设计和建设时就应该采取有效的措施，例如，设计时应考虑路基地下水位、土质、降雨强度和降雨量等的影响；建设时要确保路基施工质量达到标准均质，建成后要密切重视路基的水害问题，保证路基排水畅通，使其保持整体的持续稳定。

（1）当路肩的横坡过大或过小时，应及时整修。对于土路肩，横坡过大时，应用良好的砂性土填补并压实；横坡过小时，应铲削整修至规定坡度。对于硬路肩，宜结合大中修工程进行调整。

（2）陡坡路段的路肩易被暴雨冲成纵横沟槽，应采取设置截水明槽、用粒料加固土路肩或有计划地铺筑硬路肩等防护措施。

（3）在铺筑硬路肩有困难的路线或路段，可种植草皮或利用天然草来加固路肩。种植草皮应选择适宜于当地土质、易于成活和生长的草种，成活生长后定期进行维护和修剪，草高不得超过 15cm，并随时清除杂草和草丛中积存的泥砂杂物，以利排水，保持路容美观。

（4）当土路堑边坡出现冲沟时，应及时用黏土堵塞捣实；若出现潜流涌水，可开沟隔断水源，将水引向路基以外。

（5）边坡状况应尽可能与周边自然景观相协调，在有条件的路段应优先采取植物防护坡面技术，也可采用液压喷播、客土喷播和岩质坡面喷混植生等技术措施。

（6）在春融期特别是汛前，应全面检查、疏通排水设施。雨中必须上路巡查，及时排除堵塞并疏浚，保持水流畅通，防止水流直接冲刷路基。暴雨后应重点检查，若有冲刷、损坏，应及时修理加固，若有堵塞应立即清除。

（7）除经常检查防护工程是否损坏外，每年应在春秋两季各进行一次定期检查。另外，在反常气候、地震或重型车辆通过等特殊情况下应进行及时检查，发现病害应查明原因，并及时采取相应的修理、加固等措施，损坏严重时可考虑全部或部分拆除重建。

4.1.3　路面维护施工技术

1）路面铣刨

（1）铣刨范围和深度的确定。

根据路面的施工要求，实地确定需要铣刨的病害沥青混凝土路面的面积，并用彩色粉笔画线标明。

（2）运输车辆的准备。

铣刨作业前，根据铣刨施工面积、铣刨设备类型、运输距离以及清扫方式等，确定运输铣刨沥青料车辆的数量，确保铣刨沥青料能够及时运走，不能出现铣刨设备等待运输车辆的问题。

（3）铣刨深度的控制。

在铣刨的过程中，需要专业检测人员随时对铣刨深度进行检测。检测人员在铣刨机的左右两侧不定时地测量铣刨面的宽度和深度，并及时通知操作手进行调整。

（4）洒水量的控制。

因为路面铣刨以后需要人工清渣、吹风机除尘，因此需要注意控制洒水量，做到润而不湿，使既可以达到要求的铣刨质量，又可大大减少清扫工作量。

2）乳化沥青洒布

乳化沥青洒布前，必须把施工区域内彻底清扫干净，在乳化沥青洒布完毕后，不得在该区域内进行任何有可能污染乳化沥青层的施工与活动。

乳化沥青洒布在沥青面层摊铺之前施工。开始洒布乳化沥青之前 1.5h 用水将表面层轻微润湿，用洒布车均匀洒布，其洒布温度和洒布率均应符合技术规范要求，漏洒和少洒的地方必须补足。

3)沥青混合料的拌制

拌和沥青混合料时严格按配合比进行，严格控制矿料、沥青的加热温度和混合料的出厂温度，拌和后混合料应均匀一致，无花白、粗细粒料分离现象和结团成块现象。合格的沥青混合料应苫盖密封，持质量检验合格证出厂。

4)沥青混合料的运输

(1)为确保摊铺机连续、均衡地摊铺，应合理安排运输车辆，并根据运距的增减适当调整自卸汽车的数量，以避免出现摊铺机等料现象。

(2)运输沥青混合料的车辆应每天进行检查，确保车况良好。对运输车辆驾驶员应进行教育培训。

(3)沥青混合料应采用后翻式大吨位自卸汽车运输，车厢应清扫干净。为防止沥青混合料与车厢板黏结，车厢底板和侧板可均匀涂抹一薄层油水(柴油与水的比例可为1∶3)。

(4)从拌和机向运料车装料时，每卸一斗沥青混合料挪动一下汽车位置，以减少粗细集料的离析现象。

(5)沥青混合料运输车辆的数量应与搅拌能力或摊铺速度相适应，施工过程中摊铺机前方应有运料车在等候卸料。对城市快速路和主干路开始摊铺时，在施工现场等候卸料的运料车不宜少于5辆。

(6)沥青混合料在运送过程中，应用篷布全面覆盖，用以保温、防雨、防污染。

(7)运料车卸料时，设专人进行运料车的指挥，在运料车距摊铺机料斗200～300mm处停车挂空挡，由摊铺机推动前进，严禁冲撞摊铺机。

(8)现场设专人进行收料，并检查沥青混合料的质量和检测温度。结团成块、花白料、温度不符合规范规定要求的沥青混合料不得铺筑在道路上，应予以废弃。

5)摊铺施工

(1)铺筑沥青混合料前，应检查确认下层的质量。当下层质量不符合要求，或未按规定洒布透层、黏层、铺筑下封层时，不得铺筑沥青混凝土面层。

(2)沥青混凝土路面施工宜采用一台摊铺机进行摊铺，固定板摊铺机组装宽度不宜大于10m，伸缩式摊铺机铺筑宽度不宜大于7.5m，相邻两幅的宽度应重叠50～100mm。两台摊铺机宜相距 10～30m。在加宽段摊铺时，应另配备液压伸缩摊铺机，与主机前后错开10m 左右呈梯队平行作业，以消除纵向冷接缝。为保证接缝顺直，在摊铺前应设置摊铺机行走标志线。

(3)摊铺前根据虚铺厚度(虚铺系数)垫好垫木，调整好摊铺机，并对熨平板进行充分加热，为保证熨平板不变形，应采用多次加热，温度不宜低于 80℃。摊铺机的行走速度宜控制在 2~4m/min，并始终保持匀速前进，不得忽快忽慢，无特殊情况不得中途停顿。

(4) 沥青混凝土下面层摊铺应采用双基准线控制，基准线可采用钢丝绳或基准梁，对于高程控制，桩间直线段宜为 10m，曲线段宜为 5m。中、表面层应采用浮动基准梁作为基准装置，摊铺过程中和摊铺结束后，设专人在浮动基准梁和摊铺机履带前进行清扫，及时对滑靴进行清理润滑，保证其表面洁净、无黏着物。

(5) 摊铺过程中两侧螺旋送料器应不停地匀速旋转，使两侧混合料高度始终保持熨平板高度的 2/3，使全断面不发生离析现象。

(6) 在摊铺过程中应设专人检测摊铺温度、虚铺厚度，发现问题及时调整解决，并做好施工记录。

(7) 所有路段均应采用摊铺机摊铺，但对于边角等机械摊铺不到的部位，必须采用人工摊铺时，必须配备足够的人力，尽可能地缩短整个摊铺及找平过程。摊铺时，将沥青混合料根据需要数量卸至指定地点，并在地面上铺垫钢板，由人工进行扣锹摊铺，用耙子找平 2~3 次，但不应反复刮平，以免造成混合料离析。在施工过程中，应对铁锹、耙子等施工工具进行加热，再蘸少许柴油与水的混合液(但不要过于频繁)，找平后及时进行碾压。

6) 碾压

(1) 初压应紧跟在摊铺机后在较高温度下进行，采用 6~14t 的振动压路机静压 1~2 遍。初压温度不宜低于 120℃，碾压速度为 1.5~2km/h，碾压重叠宽度宜为 200~300mm，并使压路机驱动轮始终朝向摊铺机。

(2) 复压应紧接在初压后进行，宜采用 6~14t 的高频、低振幅振动压路机振压 1~2 遍，然后采用 16~26t 的轮胎压路机碾压 2~4 遍，直至达到要求的压实度。复压温度不宜低于 100℃，速度控制在 4~5km/h 。

(3) 终压紧接在复压后进行，采用 6~14t 的振动压路机静压 2~3 遍，至路面表面无轮迹为止。终压温度不宜低于 80℃，碾压速度为 3~4km/h。

(4) 碾压段长度以温度降低情况和摊铺速度为原则进行确定，压路机每完成一遍重叠碾压，就应向摊铺机靠近一些，在每次压实时，压路机与摊铺机的间距应大致相等，压路机应从外侧向中心平行道路中心线碾压，相邻碾压带应重叠 1/3 轮宽，最后碾压中心线部分，压完全幅为一遍。

(5) 在碾压过程中应采用自动喷水装置对碾轮喷洒掺加洗衣粉的水，以避免粘轮现象发生，但应控制好洒水量。

(6) 压路机不得在未压实成形的混合料上停车，振动压路机在已压实成形的路面上行驶时应关闭振动。

（7）设专人检测碾压密度和温度，避免沥青混合料过压。对路边缘、拐角等局部地区采用手扶式压路机、平板夯及人工墩锤进行加强碾压。

7）路面接缝处理

（1）施工缝接缝应采用直茬直接缝，用 3m 靠尺检测平整度，用人工将端部厚度不足和存在质量缺陷的部分凿除，使接缝连接成直角。

（2）将接缝清理干净后，涂刷粘接沥青油。下次接缝继续摊铺时应重叠在已铺层上 5～10mm，摊铺完后用人工将已摊铺在前半幅上的混合料铲走。

（3）碾压时在已成形路幅上横向行走，碾压新铺层 100～150mm，然后每碾压一遍向新铺混合料移动 150～200mm，直至全部在新铺层上，再改为纵向碾压，充分将接缝压紧密。

对于沥青混凝土纵向接缝应按下列规定进行处理。

对已施工的车道，当其边缘部分由于行车或其他原因已发生变形时，应加以修理。对塌落部分或未充分压实的部分，应采用铣刨机或切割机切除并凿齐，缝边要垂直，线形成直线，涂刷粘接沥青油后再摊铺新沥青混合料。碾压时应紧跟在摊铺机后立即碾压。

8）路面外观鉴定

（1）表面应平整密实，不应有泛油、松散、裂缝和明显离析等现象。半刚性基层的反射裂缝可不计作施工缺陷，但应及时进行灌缝处理。

（2）沥青混凝土路面的搭接处应紧密、平顺、美观，烫缝处不应出现枯焦现象。

（3）沥青混凝土面层与路缘石及其他构筑物应密贴接顺，不得有积水或漏水现象。

9）注意事项

（1）设专人维护压实成形的沥青混凝土路面，必要时设置围挡和警示牌，待沥青混凝土路面完全冷却后（一般不少于 24h）才能开放交通。

（2）在整个施工过程中应加强对路缘石、绿化设施等附属工程的保护，路面边缘应采用小型机械进行压实。

（3）在施工过程中要注意对所维修路面的保护，使用人员不得随意在未压实成形的沥青混凝土路面上行走，严防设备漏油污染路面。

（4）当天碾压完成的沥青混凝土路面上不得停放一切施工设备，以免发生沥青混凝土路面面层变形。

4.1.4　道路绿化更新改造

道路绿化和道路景观的更新改造应符合交通安全、环境保护、城市美化等要求，并应与沿线城市风貌协调一致。绿化和景观设计应处理好与道路照明、交通设施、地上杆线、地下管线的关系。

1. 道路绿化

道路绿化时应根据区域具体情况，采用能适应区域环境的地方性树种，合理选择种植位置、种植形式、种植规模。绿化布置应符合生产生活的需求，将乔木、灌木与花卉相结合，层次鲜明。

设置雨水调蓄设施的道路绿化用地时，应根据水分条件、径流雨水水质等选择植物种类，同时宜选择耐淹、耐污等能力较强的植物。同时应设置交通导流设施，对宽度小于 1.5m 的分隔带，不宜种植乔木。快速路的中间分隔带上不宜种植乔木。广场绿化应采用封闭式种植，休憩绿地可采用开敞式种植，并根据广场性质、规模及功能进行设计。结合城市发展历程，选择具有城市特色的建筑小品，保留城市历史印记，合理规划水池和林荫小路等。停车场绿化应有利于汽车集散、人车分隔、保证安全、不能影响夜间照明。

2. 景观改造

对于道路景观改造，应在道路红线范围内对道路风貌及与环境密切相关的景观设施进行合理布置安排。不同类型的道路景观设计风格不尽相同，主干路的景观设施尺度宜简洁明快，绿化配置强调统一，道路视线范围开阔，以车行者的视觉感受为主。次干路及辅路的景观设施应简化，尺度适中，道路视线范围良好。道路景观改造时应避免大量挖填，保护天然植被，应以借景为主，宜将道路和自然风景融为一体。步行街应以宜人尺度设置各种景观要素。景观设施应以休闲、舒适为主，绿化配置应多样化，铺砌时宜选用地方材料。

4.2　管网修复技术

4.2.1　管网预处理施工技术

1. 预处理主要方法

1) 高压水射流清洗法

高压水射流清洗法主要适用于清除管内松散沉积物或作为管道检测、修复前的准备措施。其原理是由高压泵产生的高压水从喷嘴喷出，将其压力能转化成高速流体的动能，高速流体正向或切向冲击被清洗件的表面，产生很大的瞬时碰撞动量，并产生强烈脉动，从而使附着在管内壁上的结垢剥离下来。高压水射流一次清洗过程分为两个阶段，见表 4-2。

表 4-2　高压水射流清洗法主要内容

名称	主要内容
第一阶段	通过射流的反作用力使喷嘴向射流反方向移动进行清洗
第二阶段	喷嘴到达目标检查井后，回拉胶管使喷嘴向射流方向移动进行清洗；喷射高压水流松动沉积物，并卷走、携带沉积物到目标检查井内，再使用真空抽吸机抽走
示意图	
优点	易操作、效率高，可除去硬垢、难溶垢；具有不污染环境、不腐蚀清洗对象、节能等特点
缺点	设备投资大，复杂结构的管线需解体清洗，长距离管线需分段清洗

2）绞车清洗法

首先将钢丝绳穿过待清淤管道，然后在清通管段的两端检查井处各设置一台绞车，当钢丝绳穿过清通管段后，将钢丝绳系在设置好的绞车上，清通工具的另一端通过钢丝绳系在另一台绞车上，然后再利用绞车来回往复绞动钢丝绳，带动清通工具将淤泥刮至下游检查井内，从而使管道得到清通。绞车的动力可以是人力手动，也可以是机动，这要根据管道直径、清淤长度、淤泥厚度而定。这种方法适用于各种直径的下水管道，特别是当管道淤塞比较严重、淤泥已黏结密实、用水力清通效果不好时，采取这种方法效果很好。

3）清管器清洗法

清管器清洗法的基本原理是依靠被清洗管道内流体的自身压力或通过其他设备提供的水压或气压作为动力推动清管器在管道内向前移动，刮去管壁污垢，将堆积在管道内的污垢及杂物推出管外。

4）化学清洗法

化学清洗法是以化学清洗液为手段，对管道内表面的污垢进行清除的过程。通常向管道内投入含有化学试剂的清洗液，与污垢进行化学反应，然后用水或蒸汽吹洗干净。为防止在化学清洗过程中损坏金属管道的基底材料，可在酸洗液里加入缓蚀剂；为提高管道清洗后的防锈能力，可加入钝化剂或磷化剂使管道内壁金属表面层生成致密晶体，提高防腐性能。为了加快反应速度，提高清洗效率，可以使用部分辅助手段，例如，在清洗液进入被清洗的管道之前，将加压后的清洗液变为水浪式涌动的清洗液流，而后再进入被清洗管道，使进入被清洗管道内的清洗液正向或逆向交替变换方向流动。化学清洗方式主要包括回抽、浸泡、对流、开路、喷淋。

2. 基础注浆处理方法

管道基础注浆分为土体注浆和裂缝注浆，土体注浆材料可选用水泥浆液和化学浆液两种，裂缝注浆材料一般选用化学浆液。基础注浆适用于：①管道口径大于等于 800mm 时宜采用管内向外钻孔注浆法，管道口径小于 800mm 时宜采用从地面向下钻孔注浆法；②适用于错位、脱节、渗漏等管道结构性缺陷，且接口错位应小于等于 30mm，管道基础结构基本稳定，管道线形没有明显变化，管道壁体坚实不腐化；③适用于管道接口处在渗漏预兆期或临界状态时的预防性修理。

1) 管道基础注浆施工要求

管道基础注浆施工要求见表 4-3。

表 4-3　管道基础注浆施工要求

序号	施工要求	主要内容
1	钻孔注浆范围	管道：底板以下 2m，管材外径左、右侧各 1.5m，上侧 1m。窨井：底板以下 2m，窨井基础四周外侧各扩伸 1.5m
2	管节纵向注浆孔布置（管内向外）	管材长度为 1.5～2m：纵向注浆孔在管缝单侧 30cm 处。管材长度大于 2.5m：纵向注浆孔在管缝两侧各 40cm 处
3	管节横断面注浆孔布置（管内向外）	管径小于或等于 1600mm：布置四点，分别为时钟位置 2、5、7、10 处；管径大于 1600mm：布置五点，分别为时钟位置 1、4、6、8、11 处
4	管节纵向注浆孔布置（地面向下）	注浆孔间距一般为 1.0～2.0m，能使被加固土体在平面和深度范围内连成一个整体
5	钻孔注浆范围示意图	

2) 管道基础注浆操作要求

(1) 注浆管插入深度应分层进行。先插入底层，缓缓提升注浆管注浆第二层，两层间隔厚度为 1m。

(2) 注浆操作过程中对注浆压力应进行由大到小的逐渐调整，对砂土宜控制在 0.2～

0.5MPa，对黏性土宜控制在 0.2～0.3MPa。若采用水泥-水玻璃双液浆，则注浆压力宜小于 1MPa。在保证可注入的前提下应尽量减小注浆压力，浆液流量也不宜过大，一般控制在 10～20L/min 的范围内。注浆管可使用直径为 19～25mm 的钢管，遇强渗漏水时，采用直径为 50～70mm 的钢管。

(3)若遇特大型管道两注浆孔的间距过大，应适当增补 1～2 个注浆孔，以保障注浆固结土体的断面不产生空缺断档现象，提高阻水、隔水的效果。

(4)在检查井底部开设注浆孔时，应视井底部尺寸大小不同，将注浆孔数量控制在 1～2 个。

(5)开设注浆孔时必须用钻孔机打洞，严禁用榔头开凿和使用空压机枪头冲击，不得损坏管道原体结构。

(6)在冬季，在日平均温度低于 5℃或最低温度低于-3℃的条件下注浆时，应在现场采取适当措施，以保证不使浆体冻结。在夏季炎热条件下注浆时，用水温度不得超过35℃，并应避免将盛浆桶和注浆管路在浆体静止状态下暴露于阳光下，以免加速浆体凝固。

4.2.2 管网更新施工技术

1. 碎管法管道更新

碎管法是采用碎管设备从内部破碎原有管道，将原有管道碎片挤入周围土体形成管孔，并同步拉入新管道的管道更新方法，其适用范围及优缺点见表 4-4。

表 4-4 碎管法主要内容

适用范围	适用于等直径管道更换或增大直径管道更换，更换管道直径大于原有管道直径 30%的施工较常见
优点	① 施工速度快、效率高、具有价格优势、对环境更加有利、对地面干扰少； ② 是能够采用大于原有管道直径的管道进行更换从而增加管线的过流能力和承载能力的方法； ③ 适合更换管壁腐蚀超过壁厚 80%(外部)和 60%(内部)的管道
缺点	① 需要开挖地面进行支管连接； ② 需对局部塌陷进行开挖施工以穿插牵拉绳索或拉杆； ③ 需对进行过点状修复的位置进行处理； ④ 对于严重错位的原有管道，新管道也将产生严重错位现象； ⑤ 需要开挖起始工作坑和接收工作坑； ⑥ 不适用于膨胀土内层的管道更换

按照破碎原有管道动力的不同，碎管法分为静拉碎管法和气动碎管法两种工艺。静拉碎管法是在静力的作用下破碎原有管道或通过切割刀具切开原有管道，然后用膨胀头将其扩大；气动碎管法是靠气动冲击锤产生的冲击力作用破碎原有管道。

1)静拉碎管法

静拉碎管法是通过插入现有管道的钢拉杆组件将拉力施加到膨胀机上，膨胀机将水平拉力转换成径向力，从而使现有管道破裂并扩大空腔，为新管道提供空间。杆使用不同类型的连接带连接在一起，当杆插入凹坑时，爆破头连接到杆上，新管道连接到扩展器的后部。

液压动力单元为管道爆破系统提供动力，一次拉动一根杆。随着管道的前进杆部分被移除，膨胀机和新管道用杆拉入，使现有管道破裂并将碎屑推向周围土壤。该过程一直持续到爆破头到达接收工作坑，然后与新管道分开。

2) 气动碎管法

在气动系统中，爆破工具是一种由压缩空气驱动的气动冲击锤。膨胀机安装在气动冲击锤的后部，气动冲击锤组件通过插入坑发射到主管。爆破工具与恒张力变速绞盘的缆绳断开连接，缆绳放置在位于接收点的现有总水管内。绞盘的恒定张力使爆破工具和膨胀机保持与管道的完整部分接触，并在主管内居中。绞盘张力与锤子的冲击力相结合，有助于将锤子和膨胀机保持在现有管道中心内。锤击和锥形头部的冲击动作类似于将钉子钉入墙壁中，每次锤击都会使钉子推进一段距离，而每次冲程都会破裂并破坏现有管道。膨胀机与冲击动作相结合，将碎片和周围的土壤推开，为新管道提供空间。

2. 吃管法管道更新

吃管法是微型隧道铺管施工法在管道更换领域的应用和改进。该施工法采用切削工具将待更换的旧管道碾碎，特殊设计的切削工具可以"吃"掉管道和土层以及土层内的任何障碍物。管道碎屑通过切削头后面连接的新管道排出到地表，新管道连接在挖掘机的后部被带入。整个系统采用远程监控和激光导向。

吃管法系统一般包括一个切削头和一个盾构体。切削头上装有切削齿和滚刀用来切削管道，切削工具安放在盾构体的边缘，切削地层到能安装新管道所需要的直径。掘进头是圆锥形的，爆管时将其插入要替换的管道中给管道一个张力，这样可以减少切削齿的磨损。盾构体一般采用的是液压驱动系统。切削头和盾构体是从装有顶进装备的起始工作坑进入土层的，顶进装备将给切削头足够的力量去通过土层。如果要替换强度和硬度都较大的管道，还可以采用冲击加旋转的方法进行碎管。

吃管法工艺可以更换的旧管道类型为金属管、钢筋混凝土管等较硬的管道，其旧管道的半径范围为 100～900mm。用来替换的新管道可选用铸铁管、钢筋混凝土管、陶土管等，新管道的半径等于或比旧管道略大。置换的最大长度为 200m，该施工法适用于较复杂的地层。但因施工费用与其他的管道更换施工法比要高，因此在选择该施工法时，应该结合管材类型和地层类型来综合考虑。吃管法的适用范围及优缺点见表 4-5。

表 4-5 吃管法主要内容

适用范围	① 管径为 100~900mm； ② 管线长度可达 200m； ③ 可更换金属管、钢筋混凝土管等较硬的管道； ④ 新管道为铸铁管、钢筋混凝土管、陶土管等
优点	① 对地表和土层无干扰； ② 可在复杂的地层中施工，尤其是含水层； ③ 能够更换走向和坡度已偏离的管道； ④ 施工时不影响管线的正常工作
缺点	① 需开挖两个工作坑； ② 地表需有足够大的工作空间

4.2.3 管网修复施工技术

1. 穿插法管道修复

1）基本概念

穿插法是一种可用于管道结构性和非结构性非开挖修复的最简单的方法。穿插法分为连续穿插和不连续穿插法两种工艺。连续穿插法的内衬管是连续的，其在进入原有管道过程中的受力状态为拉力，一般通过牵拉的方式将内衬管穿插入原有管道内。不连续穿插法的内衬管在进入原有管道过程中的受力状态为压力，主要通过顶推的方式使内衬管穿插进入原有管道，也可通过牵拉的方式将拉力转换为内衬管的压力使其进入原有管道。不连续穿插法需要根据管段的长度及进入方式决定是否需要开挖工作坑，一般对于较长管段以顶推的方式进入原有管道内部，需开挖工作坑，而对于较短管段以牵拉的方式进入原有管道，则不需开挖工作坑。

2）适用范围及优缺点

穿插法的优势在于它在旧的缺陷管道内部创建了一个没有经过挖掘的全新压力管道。使用热对接熔合或机械耦合的方法，将几个连续长度的柔性管的端部在地面上较方便的位置处连接。连接的单个管道长度可达 18m 甚至更长，形成单一管道。然后通过类似拖拉电缆方法将该内衬管从待修复管道的一端拉入并穿过旧管道部分，之后将新管道重新连接到现有主管道。穿插法管道修复的适用范围及优缺点见表 4-6。

表 4-6 穿插法主要内容

适用范围	① 用于饮用水管道、化学或工业管道、直线管道、有弯管的管道、圆形管道和压力管道的修复； ② 可用来更新重力管道，但需要对管道的流通能力进行必要核算
优点	① 作为一种修复技术，穿插法不需要投资购置新的设备； ② 顶管法等方法同样可以应用于穿插法修复中； ③ 穿插法是修复压力或者重力管道比较简单的方法； ④ 穿插法可用于达到结构性或者非结构性修复的目的； ⑤ 在管道运行的情况下，可同时进行管道更换

续表

缺点	① 导致管道过流面积减小，管道设计中必须要考虑新管道的流通能力是否满足生产生活需要； ② 水平连接的地方开挖量比较大； ③ 需要灌浆

3）施工工艺

（1）工作坑的开挖。

考虑到工作坑的开挖对周围建筑物安全、人们正常生活的影响以及非开挖修复更新工程设计对工作坑的特殊要求，工作坑的坑位应避开地上建筑物、地下管线或其他构筑物；工作坑宜设计在管道变径、转角或检查井处。为了满足施工人员的操作，起始工作坑的宽度应大于新管道直径 300mm，且不应小于 650mm，不连续管道插入施工的起始工作坑还应满足设备、管材起吊的要求。

连续管道进管工作坑布置如图 4-1 所示。对于不连续管道，内衬管需要在工作坑内完成管道的连接和穿插工作，因此起始工作坑的长度应能满足管道连接设备和顶推设备长度的要求，同时为使设备安装平稳，且内衬管能够顺利插入原有管道，工作坑坑底应低于待修复管道外壁底端 350mm，且宜铺设不小于 80mm 厚的砾石垫层。

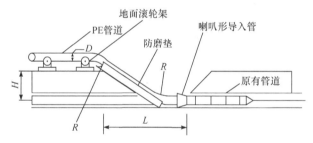

图 4-1　连续管道进管工作坑的布置示意图

（2）内衬管穿插。

第一种，连续穿插法。PE 管道可以在地上或者入土坑中把短管道熔接成长管道。如果是在地上连接，由于受到 PE 管道最小允许弯曲半径的限制，需要较大的入土坑；尤其是在深管道或者大直径管道安装时。如果是在入土坑中进行连接，可以使用小的入土坑，但是由于熔接和冷却过程需要时间，所以施工效率降低。管道冷却的环节对管道安装成功后的寿命有较大的影响，因为短时间冷却将降低管道安装和长期使用过程中的强度。

在管道连接过程中，在 PE 管道内侧和外侧都会形成熔接瘤。污水管道安装前，都要对管道内外的熔接瘤进行清除。如果是饮用水管道，为了避免在清除熔接瘤时所造成的污染，通常对管道内侧的熔接瘤予以保留。

穿插过程中应对内衬管采取保护措施。拖管头是非常重要的部件，它把绞车的拉力传递给管道，同时可以保证对管道不产生局部的应力集中。有时为了防止土或者其他物质进入管道，管道的端口是封闭的，这在饮用水管道施工中特别重要。为了防止拉力超过 PE 管道的极限抗拉力，在绞车和拖管头之间安装一个保护接头（自动脱离连接），可以保证在托管头拉力达到允许拉力前自动脱落。在牵引聚乙烯管进入在役管道时，端口处的毛边容易对聚乙烯管造成划伤，可安装一个导滑口，既可避免划伤也可减小阻力。

聚乙烯管插入在役管道后，其自身的重量会使其下沉，与在役管道的内壁接触，在聚乙烯管外壁上安装保护环可以很好地防止这种情况的发生，降低拖拉过程中的阻力。安装保护环时宜在保护环上涂敷润滑剂，所使用的润滑剂应对在役管道内壁和聚乙烯管无腐蚀和损害。保护环之间的间距可按表 4-7 设置。

表 4-7　保护环之间的间距

聚乙烯管外径/mm	90	110	160	200	250	315	400	450	500	630
保护环之间的间距/m	0.8	0.8	1.0	1.7	1.9	3.5	3.9	4.2	4.5	4.5

在施工过程中牵引设备的能力不能用到极限，避免出现拖拉过程中的卡阻现象而导致牵引设备的损坏，20%的余量是最低限度。自控装置则要求在施工过程中有设定，一旦超过最大允许拖拉力应能自动停机。

回拉管道可能导致管道拉伸，对于聚乙烯内衬管，拉伸量不能超过 1.5%，回拉速度不能超过 300mm/s，在复杂地层中速度应该相应减慢。整个回拉过程不能出现中断现象。

在达到接收点后，管道拉出长度应该与下步工序之间达成一致。当管道拉伸量达到 1%时需要进行观察，这种拉伸量在一段时间内是会恢复的。管道安装前后温度的变化会导致一定的管道伸缩量，故施工中应预留出足够长度，以防止内衬管段应力和温度引起的收缩。

第二种，不连续穿插法。内插管道安装是一个递增的过程。当位于工作坑中的接头出现下沉时，应该将管道连接到上一节管道接头上。接头和所有先前的管道完全顶进以便为下一段管道腾出空间。所有原有管道都铺设完成后工程才可停下来。施工过程中应采取保护措施防止穿插管道被划伤。

(3)注浆。

如果工程设计要求对内衬层和原有管道之间的环状间隙进行处理，则可以采用注浆方法解决。注浆可以有效避免由地面荷载引起的下沉或者管道坡度变化导致的管道变形。在注浆过程中要注意注浆压力不能超过管道所能承受的压力范围，另外，还应考虑注浆时浮力对内衬管造成的影响。

(4)管道端部连接。

内插管道需要和旧管道元件及附属设施进行连接。合理的工程计划需对这些工程连接进行特殊设计。重力管道更新时，内插管道要达到检查井或检查井混凝土井壁处。在新旧系统连接的时候，必须要确保管道之间环状间隙的密封性，防止液体渗漏。该方法同样可用于内插管道和主管道之间的连接。

各种设施及水平管道和主管道之间可以采用不同的连接方式。例如，对于松弛性衬层，污水管道支管的连接可以采用鞍座连接或热熔连接，如图 4-2、图 4-3 所示，这两种方法都可以确保连接不漏失，从而确保管道的工作效率不下降。

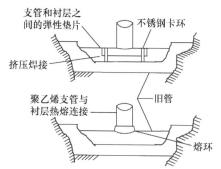

图 4-2　内插法重力管道更新时的支管连接

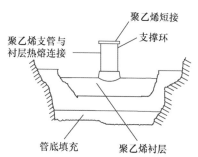

图 4-3　内插法压力管道更新时的支管连接

2. 折叠内衬法管道修复

1)基本概念

折叠内衬法的原理是使用 PE 或 PVC 作为管道材料，施工前先在工厂或工地改变管道的几何形状以缩小其断面，然后将断面缩小后的管道拉入原有管道，当管道就位后利用加热或加压的方法使折叠后的管道膨胀，并恢复到原来的大小和形状，形成与原有管道紧密贴合的内衬管。有时，还可以用一个机械成形装置使其恢复到原来的形状。

折叠内衬法定义为采用牵拉的方法将压制成 C 形或 U 形的管道置入原有管道中，然后通过加热、加压等方法使其恢复原状形成管道内衬的修复方法。

2)适用范围及优缺点

按折叠方式，折叠内衬法可分为工厂预制成形和现场成形两种。折叠内衬法管道修复的适用范围及优缺点见表 4-8。

表 4-8　折叠内衬法主要内容

适用范围	① 适用的管道类型为压力管道、重力管道及石油、天然气、煤气和化工管道； ② 可修复的管道直径为 75～2000mm； ③ 压力管道内衬管常用 PE 管材，重力管道可选用 PVC 内衬折叠管； ④ 通常仅用于直管段。管段上不能有管件，不能有明显变形和错口，拐点夹角不能超过 5°； ⑤ 修复直径为 400mm 的管道时最大施工长度达 800m，这取决于滚筒容量、回拖机构的回拖力及材料的强度

优点	① 施工时占用场地小，可以在现有的人井内施工，环保性好； ② 新衬管与旧管可形成紧密配合，管道的过流断面损失小，无须对环状间隙灌浆； ③ 管线连续无接缝，一次修复作业距离长； ④ 对旧管的清洗要求低，只要达到内壁光滑无毛刺即可； ⑤ 缩径或折叠后断面收缩率高，穿插顺畅； ⑥ 施工周期短； ⑦ 使用寿命长，穿插的 PE 管为连续均匀的整体，抗腐蚀能力强，旧管为新衬管提供结构支撑，结构强度增大； ⑧ 经济性好
缺点	① 支管的重新连接需要开挖进行； ② 旧管的变形或结构破坏会增加施工难度； ③ 施工时可能引起结构性破坏(破裂或偏离)，不适用于非圆形管道或变形管道

3）施工工艺

（1）现场折叠内衬法。

现场折叠内衬法的施工工艺流程为考察施工现场与制定初始施工方案、工作坑的准备、配套支架的安装、HDPE 管的冷压成形、U 形折叠内衬口撑圆、HDPE 管端翻边定型及 U-HDPE 管打压复原、检测。

（2）考察施工现场与制定初始施工方案。

① 埋地管道的调查。应对埋地管道的埋设位置、管道规格、输送介质进行调查，并确定管道的埋深以及拐点、三通、阀门、凝水缸及其他管道附件的位置(一般可参考设计图、运行图、管道探测图)。

② 管道清洗与内窥仪检查。在开挖工作坑后，如果管道内部污垢较多，需先进行管道清洗：当管内沉积物较为松散时，可选用机械清洗；当管内沉积物较多并结垢特别坚硬时，可选用高压水射流清洗；当管内沉积物为黏稠油状物时，可选用化学清洗；为了实际确认管道水平和垂直方向上的弯曲量、附件设备等的定位数据的真实性，可考虑采用内窥检查系统检查管道。通过对上述资料的收集、分析，制定初始施工方案。

（3）工作坑的准备。

施工前，需要开挖牵引坑或拖管坑，分设在待修复管道的两端。在确定工作坑位置及尺寸时主要考虑以下因素：①对存在三通、阀门等附件的管道连接处必须暴露开挖；②管道走向发生变化处(一般小于 8°)必须暴露开挖；③根据设备能力及现场施工条件，确定一次施工长度，然后进行分段开挖；④工作坑的位置应不影响交通；⑤工作坑的长度要能满足安装试压装置、封堵装置及内衬管超出待修复管道长度的要求；⑥开挖的工作坑两端需开挖一个导向坡槽，宽度视 U 形内衬管直径大小而定，要确保 U 形内衬管平滑插入旧管道；⑦工作坑开挖边坡的坡度大小与土层自稳性能有关，黏性土层为 1∶0.35～1∶0.5，砂性土层为 1∶0.75～1∶1。

(4)配套支架的安装。

拖管坑处的旧管端口应安装带有上、左、右三个方向的限位滚轴的防撞支架，避免衬管与旧管端口发生摩擦。牵引坑处的旧管端口应安装只带有上方向限位滚轴的导向支架，确保牵引绳平滑地牵出旧管道，避免衬管与旧管内壁发生剧烈摩擦。

(5)HDPE 管的冷压成形。

① U 形压制机的调整。调整压制机的上下、左右压辊，应使入口处的压辊间距为 HDPE 管管径的 70%；主压轮后的左右压辊间距为 HDPE 管管径的 60%～70%；主压轮前的左右压辊应对压扁变形的 HDPE 管合理限位，并使 HDPE 管中线与主压轮对中，使 HDPE 管在压制机的正中心位置上行走；当环境温度低于 10℃时，主压轮后的左右压辊间距可适当增加至 HDPE 管管径的 65%～70%；当环境温度低于 5℃时，禁止进行 U 形管压制。

② HDPE 管的处理。在冷压前，将 HDPE 管表面的尘土、水珠去除干净，并检查管壁上是否有褶皱或缺陷。在冷压前，将 HDPE 管一端管端切成鸭嘴形，鸭嘴形的尺寸应为：三角形底边长度约为管径的 80%，腰长为管径的 1.5～2 倍，并在其上开好两个孔径约 40mm 的孔洞以备穿绳牵引。借助链式紧绳器，按钢质夹板孔位做好牵引头，用螺栓紧固，将钢质夹板两侧多余的 HDPE 管边缘切成平滑的斜面；与液压牵引机相连的钢丝绳穿过两个孔与 HDPE 管连接牢固；HDPE 管的外径不能大于待修复管道内径，否则复原时不能恢复圆形形状。

③ 压制 U 形管。开启液压牵引机和 U 形压制机，在牵引力的拖动与压制机的推动下，应使圆形 HDPE 管通过主压轮并压成 U 形，在压制过程中 U-HDPE 管下方两侧不得出现死角或褶皱现象，否则必须切掉此管段，并在调整左右限位辊后重新工作，并且还要做到：用缠绕带将 U 形管缠紧；缠绕带的缠绕速度要与 HDPE 管的压制速度相匹配。如果缠绕速度过快，会造成缠绕带的浪费；如果缠绕速度过慢，会造成缠绕力不够，可能导致 U 形管在回拉过程中意外爆开；U 形管的开口不可过大，如果过大可用链式紧绳器将开口缩紧，调整左右压辊的间距；根据 U-HDPE 管的直径调整缠绕带的滚轮角度，使得缠绕带连续平整地绑扎在 U-HDPE 管的表面(普通穿插以基本覆盖为原则)。

④ 牵引速度。牵引速度一般控制在 5～8m/min。

(6)U 形折叠内衬口撑圆。

U 形 HDPE 管通过旧管约 1m 时，停止牵引，切断牵引头，用撑管器将 U 形 HDPE 管的端口撑圆。

(7)HDPE 管端翻边定型及 U-HDPE 管打压复原。

现场折叠管的复原一般通过注水加压的方式完成，整个过程中要严格控制恢复速度。首先应计算出复原后的 HDPE 管的水容积，复原时在不加压的情况下使水充满折叠后的 HDPE 管的空间，并准确测量注入水量。复原后的水容积与无压注入水量之差就是复原时需加压的水量。水不可压缩，通过加压水的注入速度即可控制复原速度。

(8)检测。

对打压合格的 U 形折叠内衬线用内窥仪检查，以 U-HDPE 管没有塌陷为合格。

4.2.4　管网局部修复技术

1. 不锈钢快速锁局部修复技术

1)基本概念

不锈钢快速锁局部修复技术是将专用不锈钢片拼装成环，然后通过扩充不锈钢圈将橡胶密封圈挤压到原有管道缺陷部位后固定形成内衬的管道修复技术。该技术主要适用于 DN300 及以上管道的局部修复。其中 DN800 以下管道采用修补气囊安装施工，DN800 及以上管道采用人工安装施工。不锈钢快速锁局部修复技术的适用范围及工艺优点见表 4-9。

表 4-9　不锈钢快速锁局部修复技术的适用范围及工艺优点

适用范围	① 原有管道不密封段和管道接头接口不密封段； ② 管壁破裂损坏； ③ 管道内有植物根系侵入； ④ 环向裂缝和纵向裂缝； ⑤ 封堵不再需要的支线接口
工艺优点	① 整个内衬修复过程安全可靠，无须开挖修复； ② 施工时间短，安装完成即可通水使用； ③ 抗化学腐蚀能力强，不锈钢圈结构强度高； ④ 使用的安装工具少，施工快捷方便； ⑤ 施工中没有加热过程或化学反应过程，对周围环境没有污染和损害； ⑥ 当缺陷长度较长时，可进行连续修复

2)施工工艺

(1)修补气囊安装工艺。

① 准备：不锈钢快速锁修复材料由不锈钢片及橡胶密封圈组成，安装设备包括不锈钢快速锁、修补气囊及 CCTV(closed circuit television inspection)管道检测机器人。

② 定位：将不锈钢片及橡胶密封圈装在修补气囊上，在定位机器人的检测下，将修补气囊牵拉进管道，到达缺陷位置。

③ 充气膨胀：向修补气囊内充气，使修补气囊带动不锈钢圈上的自锁装置沿不锈钢片做单向滑移运动，将橡胶密封圈挤压到管道缺陷部位，定位后自锁装置自锁稳定。

④ 修补气囊放气回收：待不锈钢圈将橡胶密封圈紧紧挤压至原有管道后，释放修补气囊的压力，待修补气囊回缩后将其收回，并用 CCTV 管道检测机器人检测修复后

的状态。

（2）人工安装工艺。

① 准备：大口径管道不锈钢快速锁修复材料由不锈钢片及橡胶密封圈组成。施工时需人工进入管道内部进行安装，所需辅助工具包括扳手、固定螺丝、扩充器、锤头等。施工前应检测不锈钢片、橡胶密封圈的外观质量和规格型号等。

② 拼装：首先将不锈钢片（两片或三片）从检查井放入管道内部，送到待修复位置。拼装前检测不锈钢片是否发生损坏，确保没有损坏后，将不锈钢片拼装成较原有管道直径小的不锈钢圈，然后将橡胶密封圈套在不锈钢圈上。该过程须保证橡胶密封圈边缘与不锈钢圈边缘平齐，避免产生偏移现象，并保证橡密封胶圈在竖立过程中不发生滑落。

③ 对位：将套好橡胶密封圈的不锈钢圈竖起对准缺陷位置。该过程须检测竖立过程中橡胶密封圈是否存在偏移，若发生偏移应进行校正。然后调节不锈钢圈的位置使缺陷位置位于橡胶密封圈中心，保证橡胶密封圈覆盖缺陷位置。

④ 扩张：对准缺陷位置后，将专用扩充器卡在上下两片不锈钢片的卡槽上，通过调节扩充器中间的主螺丝使不锈钢圈扩张。待扩张一段距离后或达到主螺丝调节行程时，须调节扩充器两端的辅助螺丝，保证不锈钢圈均匀扩张，不发生偏移、跑位现象，然后采用不锈钢圈上的螺丝临时固定。重复上述步骤，继续使不锈钢圈扩张直至橡胶密封圈紧紧压在管道内壁上，确保不出现渗水现象，然后将不锈钢片上的螺丝拧紧固定。

⑤ 效果：管道修复后如果缺陷位置较长，则应该连续进行修复。

2. CIPP 局部修复技术

1）基本概念

原位固化法（CIPP）局部修复技术是指先用树脂将玻璃纤维布浸透，再将玻璃纤维布包在管道内衬修补器上送至管道损坏处，然后在 CCTV 的监控下，通过对修补气囊进行充气膨胀，将其与管壁相贴，待其固化后形成内衬管的局部修复技术。

CIPP 局部修复技术的适用范围及工艺优点见表 4-10。

表 4-10　CIPP 局部修复技术的适用范围及工艺优点

适用范围	① 旧管道不密封段和接头接口不密封段； ② 旧管道中有水，仍可固化（专用的树脂和玻璃纤维）； ③ 管壁损坏和管道轴向偏移； ④ 管道内有植物根系侵入； ⑤ 环向裂缝和局部纵向裂缝； ⑥ 封堵不再需要的支线接口； ⑦ 管体呈现碎片状（会导致管道承载力不足）； ⑧ 整体管道结构良好，仅有局部破坏的管道

续表

工艺优点	① 整个内衬修复过程安全可靠,无须开挖修复; ② 施工时间短,从树脂混合到玻璃纤维局部内衬修复完成需 1~2h; ③ 玻璃纤维局部内衬修复后的管壁光滑,可提高通水能力; ④ 常温固化,无须加热或紫外线等外辅助能量固化; ⑤ 抗化学腐蚀能力强,水密性强,黏结性高; ⑥ 可在潮湿或带少量水流情况下作业,玻璃纤维树脂会牢牢黏覆在管面上; ⑦ 使用的设备体积小,安装、转移方便,一台面包车即可

2)施工工艺

(1)根据管道 CCTV 检测的数据资料,确定所要修复的管径及缺陷尺寸,然后确定玻璃纤维布的尺寸,并进行裁剪。

(2)按照玻璃纤维布的用量计算树脂用量,并用量具称量,按照一定的比例、时间混合、搅拌。

(3)将搅拌后的混合树脂倒到玻璃纤维布上,采用滚筒进行碾刮,使树脂充分浸润玻璃纤维布。

(4)把充分浸润树脂的玻璃纤维布缠绕包在专用的管道内衬修补器上,修补器应事先缠绕一层塑料薄膜,然后将浸润树脂的玻璃纤维布包裹在橡胶气囊上,并同细铁丝捆紧。

(5)将包裹玻璃纤维布的修补器牵拉进待修复的管道内,并在 CCTV 的监控下牵拉至管道缺陷部位。

(6)向修补器内充气,使其膨胀,使材料与管壁紧密粘贴在一起。由于玻璃纤维布在固化前本身没有刚度,所以在气压作用下,玻璃纤维布在接口错位、脱节部位处可与管壁粘贴在一起,内衬材料强度以及与原有管道的黏结强度足以承受管道外侧水压及管内水流的冲刷。

(7)保持气囊压力 1h 使材料固化。

(8)管道内衬修补器放气、撤离,固化后的玻璃纤维布紧密粘贴在管道内壁上,修复工作完成。

4.3 设施更新技术

4.3.1 消防设施更新技术

1. 自动喷水灭火系统

自动喷水灭火系统是一种能够在火灾发生时自动启动并喷水达到灭火效果,同时发出火警信号的灭火系统。它具有工作性能稳定、适应范围广、安全可靠、控火灭火成功率高、维修简便等优点，可用于各种建筑物中允许用水灭火的保护对象和场所。自动喷水灭火系统由洒水喷头、报警阀组、水流报警装置(水流指示器或压力开关)等组件，以及管道、供水设施组成。按规定技术要求组合后的自动喷水灭火系统，应能在火灾初期阶段自动启动喷水、灭火或控制火势的功能。因此，此类系统的功能是扑救初期火灾，其性能应符合现行规范《自动喷水灭火系统设计规范》(GB 50084—2017)的规定。

1)闭式自动喷水灭火系统

喷头的感温闭锁装置只有在预定的温度环境下才会脱落，开启喷头。因此，在发生火灾时，闭式喷头灭火系统只有处于火焰之中或喷头邻近火源时才会开启灭火。闭式系统包括湿式系统、干式系统、预作用系统、重复启闭式系统等。

2)开式自动喷水灭火系统

开式自动喷水灭火系统采用的是开式喷头，开式喷头不带感温闭锁装置，处于常开状态，发生火灾时，火灾所处的系统保护区域内的所有开式喷头一起喷水灭火。开式系统包括雨淋系统、水幕系统。系统分类及不同自动喷水灭火系统的使用场所及特殊技术要求见表 4-11。

表 4-11 系统分类及不同自动喷水灭火系统的使用场所及特殊技术要求

系统分类		火灾类型
闭式系统	湿式系统	① 环境温度不低于 4℃且不高于 70℃的建筑及场所； ② 广泛应用于众多建筑和场所
	干式系统	环境温度低于 4℃或高于 70℃的建筑及场所
	预作用系统	系统处于准工作状态时，严禁滴漏及误动作，不允许有水渍损失的场所。目前多用于保护档案、计算机房、贵重纸张和重要票据等场所
	重复启闭式系统	火灾停止后必须及时停止喷水，复燃时再喷水灭火或需要减少水渍损失的场所，以及贵重纸张或重要票据的存放场所
开式系统	雨淋系统	① 闭式喷头开放不能及时使喷水有效覆盖着火区域的严重危险级场所，如摄影棚、舞台的葡萄架下部、有易燃材料的景观展厅等； ② 因净空超高，闭式喷头不能及时启动的场所
	水幕系统	① 作为防火分隔措施，如建筑中开口尺寸等于或小于 15m(宽)×8m(高)的孔洞和舞台的保护； ② 用于防火卷帘的冷却

2. 灭火器

灭火器是一种移动式应急灭火器材，使用时在其内部压力作用下，将所充装的灭火剂喷出，以扑救初期火灾。灭火器的结构简单，操作轻便灵活，广泛用于各种场所。

确定灭火器配置数量的基本准则是：一个灭火器配置场所计算单元的灭火器配置

数量不宜少于 2 具,一个灭火器设置点的灭火器配置数量不宜多于 5 具,并且灭火器应该设置在显眼的地方,便于人们使用,且灭火器的指示标志应朝外。

灭火器的灭火性能是用灭火级别来表示的,如 1A、55B、70B 等,数字表示灭火级别的大小,数字越大,灭火级别越高,灭火能力越强,字母表示灭火级别的单位和适合扑救的火灾种类,具体见表 4-12。

表 4-12　各灭火级别灭火器适合扑救的火灾种类

火灾种类	燃烧物质
A	含碳固体可燃物,如木材、棉、麻、毛、纸张等
B	甲、乙、丙类液体,如煤油、汽油、甲醇、乙醚、丙酮等
C	可燃气体,如煤气、天然气、甲烷、乙炔、氢气等
D	可燃金属,如钾、钠、镁、铝镁合金等
E	带电火灾

各个场所中发生火灾的种类不同,故灭火器种类的选择也会存在不同,一般 A 类火灾场所应选择水型灭火器、磷酸铵盐干粉灭火器、泡沫灭火器或卤代烷灭火器;B 类火灾场所应选择泡沫灭火器、碳酸氢钠干粉灭火器、磷酸铵盐干粉灭火器、二氧化碳灭火器、灭 B 类火灾的水型灭火器或卤代烷灭火器;极性溶剂的 B 类火灾场所应选择灭 B 类火灾的抗溶性灭火器;C 类火灾场所应选择磷酸铵盐干粉灭火器、碳酸氢钠干粉灭火器、二氧化碳灭火器或卤代烷灭火器;D 类火灾场所应选择扑灭金属火灾的专用灭火器;E 类火灾场所应选择磷酸铵盐干粉灭火器、碳酸氢钠干粉灭火器、卤代烷灭火器或二氧化碳灭火器,但不得选用装有金属喇叭喷筒的二氧化碳灭火器。

3. 火灾自动报警系统

火灾自动报警系统适用于尽早探测初期火灾并进行报警,以便采取相应措施。火灾自动报警系统为消防系统中不可缺少的组成部分,根据建筑物的重要性、发生火灾的危险性及有关消防法的要求,规划合理与有效的火灾自动报警系统设计是十分必要的工作。火灾自动报警系统主要由触发装置、火灾报警装置、火灾警报装置及电源四部分组成,系统主要涉及的内容见表 4-13。

表 4-13　火灾自动报警系统主要涉及的内容

名称	内容
报警设备	火灾自动报警控制器、火灾探测器、手动报警按钮与紧急报警设备、可燃气体探测系统、火灾监控系统等
通信设备	应急通信设备、对讲电话、应急电话等

续表

名称	内容
广播系统	火灾事故广播设备
灭火设备控制	喷水灭火系统的控制，室内消火栓灭火系统的控制，泡沫、气体等管网灭火系统的控制
消防联动设备与控制	防火门、防火卷帘的控制，排烟风机、排烟阀的控制，空调、通风设施的紧急停止，联动的自动灭火系统与电梯的控制监视等
避难设备	应急照明装置、诱导灯与避难层等

1) 火灾探测器

火灾探测器是火灾自动报警系统和灭火系统最基本和最关键的部分之一，是整个报警系统的检测元件，它的工作稳定性、可靠性和灵敏度等技术指标直接影响着整个消防系统的运行。

多数火灾探测器为感温、感烟、感光、复合式，如图 4-4 所示。其中，感温火灾探测器，是对警戒范围内某一点或某一线段周围的温度参数(异常高温、异常温差和异常温升速率)敏感响应的火灾探测器；感烟火灾探测器，是一种响应燃烧或热解产生的固体或液体微粒的火灾探测器，由于它能探测物质燃烧初期在周围空间所形成的烟雾浓度，因此它具有非常良好的早期火灾探测报警功能；感光火灾探测器(火焰探测器或光辐射探测器)，是一种能对物质燃烧火焰的光谱特性、光照强度和闪烁频率敏感响应的火灾探测器，它能响应火焰辐射出的红外光、紫外光和可见光，因此其可以在不受环境气流影响的情况下，做到精准探测，快速响应；复合式火灾探测器，是一种能响应两种或两种以上火灾参数的火灾探测器。

 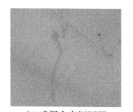  

(a) 感温火灾探测器　　(b) 感烟火灾探测器　　(c) 感光火灾探测器　　(d) 复合式火灾探测器

图 4-4　常见的火灾探测器

2) 火灾报警控制器

火灾报警控制器，也称为火灾自动报警控制器，用来接收火灾探测器发出的火警电信号，将此火警电信号转化为声、光报警信号，并指示报警的具体部位及时间，同时执行相应的辅助控制等任务，是建筑消防系统的核心部分，如图 4-5 所示。

3) 火灾应急照明系统

火灾应急照明系统应在电源设置、导线选型与铺设、灯具选择及布置、灯具控制

(a) 火灾报警控制器(一)　　　　　(b) 火灾报警控制器(二)

图 4-5　常见的火灾报警控制器

方式、疏散指示等各个环节严格执行相关规范，以保证在火灾紧急状态下火灾应急照明系统能发挥应有的作用。火灾应急照明系统根据其功能，可分为备用照明、疏散照明和安全照明三类，如图 4-6 所示。其中备用照明是为了在正常照明失效的情况下继续工作而设置的；疏散照明是为了使人员在发生火灾的情况下，能从室内安全撤离至室外或某一安全区而设置的；安全照明是在照明突然中断时，为了确保处于潜在危险中的人员安全而设置的。

(a) 备用照明　　　　　　　(b) 疏散照明　　　　　　　(c) 安全照明

图 4-6　火灾应急照明系统

4.3.2　通风设施更新技术

1. 新风机的安装

新风机安装应符合下列规定。

(1)应按设计或机组安装说明进行吊顶安装。无设计或机组安装说明时，可参照相关的标准图集进行安装。

(2)吊杆安装时，吊杆应采用膨胀螺栓与楼板连接。选用的膨胀螺栓和吊杆尺寸应能满足新风机的运行重量要求，螺栓锚固深度及构造措施应符合现行行业标准《混凝土结构后锚固技术规程》(JGJ 145—2013)的规定。

(3)安装时应采取适当的减振措施。规格较小且机组本身振动较小时，可直接将吊杆与机组吊装孔采用螺栓加垫圈连接；机组振动较大时，可在吊装孔下部粘贴橡胶垫或在吊杆中部加装减振弹簧。

(4) 安装应保证新风机的进、出风方向正确。

(5) 新风机与天花板和吊顶之间应有一定的距离，并应预留检修孔。

(6) 新风机安装后应进行调节，并应保持机组水平。

2. 风管及部件的安装

(1) 新风机室外侧风管的安装应符合下列规定。

①风管应设一定的坡度，坡向室外；②既有建筑的风管穿外墙时，孔洞施工中应采取可靠的抑尘措施，不应破坏墙体内的钢筋，孔洞直径不应大于 200mm；③采用非金属风管且风管穿外墙时，应采用外包金属套管；④采用金属风管时，新风机室外侧风管应做保温处理；⑤室外侧风管不应弯曲。

(2) 新风机室内侧风管的安装应符合下列规定。

①距离新风机 300～500mm 处不应变径或者加弯头，风管应保持平直；②不同管径风管连接时应采用同心变径管连接，风管走向改变时不应采用 90° 直角弯头，宜采用 45° 弯头；③柔性短管的安装应松紧适度，不应扭曲；④可伸缩性金属或非金属软风管的长度不宜超过 2m，并不应有死弯或塌凹；⑤既有建筑的风管不应穿梁，过梁时可采用过梁器。

(3) 风管的支、吊架应按照现行行业标准《通风管道技术规程》(JGJ/T 141—2017) 的规定进行制作和安装。

(4) 风管的连接应符合下列规定。

①金属风管可采用角钢法兰连接、插条连接和咬口连接，并应符合现行行业标准《通风管道技术规程》(JGJ/T 141—2017) 的规定。②硬聚氯乙烯圆形风管可采用套管连接或承插连接。直径小于或等于 200mm 的圆形风管采用承插连接时，插口深度宜为 40～80mm，连接处应严密和牢固。采用套管连接时，套管长度宜为 150～250mm，其厚度不应小于风管壁厚。③其他类型风管的连接可按照现行行业标准《通风管道技术规程》的规定执行。

(5) 风管系统安装后应进行严密性检验，检验方法应符合现行国家标准《通风与空调工程施工质量验收规范》(GB 50243—2016) 的规定，并应在合格后交付下道工序。

(6) 风口与风管的连接应严密、牢固，边框与建筑饰面应贴实，表面应平整、不应变形，调节应灵活、可靠；条形风口安装的接缝处衔接应自然，不应有明显缝隙。

(7) 室外风口安装时，风口与墙壁间的空隙应用耐候硅胶或玻璃胶密封。

(8) 阀门安装的位置、高度、进出口方向应符合设计要求，连接应牢固、紧密。

(9)各类风阀应安装在便于操作及检修的部位，安装后的手动或电动操作装置应灵活、可靠，如图4-7～图4-9所示。

图4-7　新风机

图4-8　风管

图4-9　过滤设备

3. 过滤设备的安装

(1)独立的新风过滤设备单元应安装在新风机室外侧新风管道上，安装应平整、牢固，方向正确，与管道的连接应严密。

(2)新风机内的过滤设备应安装牢固、方向正确；过滤设备与新风机壳体间应严密、无穿透缝。

4.3.3　电梯设施更新技术

1. 电梯工作原理

载人电梯和运货电梯虽然具有不同的形式与结构，但其主要组成部分的作用都是相同的。

(1)电梯的主要传动部分——升降机械电动机，通过带动曳引钢绳与悬吊装置，依靠对重装置和其他活动部件带动轿厢在井道内上下移动。

(2)电梯的轿厢两侧装有导靴，导靴从三个方向箍紧在导轨上，以使轿厢和对重装置在水平方向准确定位。一旦发生运行超速或曳引钢绳拉力减弱的情况，安装在轿厢上(有的在对重装置上)的安全钳启动，牢牢地把轿厢卡在导轨上，避免事故发生。如果轿厢和对重装置的控制系统发生故障而急速坠落，为了避免其与井道地面发生碰撞，在井坑下部设置了挡铁和弹簧式缓冲器，以缓和着地时的冲击。

2. 电梯基本结构

电梯是机电一体化产品。其机械部分好比是人的躯体，电气部分相当于人的神经，控制部分相当于人的大脑。各部分通过控制部分调度，密切协同，使电梯可靠运行。目前使用的电梯绝大多数为电力拖动、钢绳曳引式结构。

从电梯的空间位置上看，电梯由四个部分组成：依附建筑物的机房、井道；运载乘客或货物的空间——轿厢；乘客或货物出入轿厢的地点——层站，即机房、井道、轿厢、层站。从电梯各构件部分的功能上看，电梯可分为八个部分：曳引系统、导向系统、轿厢、门系统、重量平衡系统、电力拖动系统、电气控制系统和安全保护系统。

3. 电梯安装工艺

电梯安装人员进场安装前，必须对现场的机房、井道、层门等与电梯相关的土建设施施工质量进行勘察和复核。电梯土建布置图的参考依据是《电梯制造与安装安全规范》(GB/T 7588—2020)等国家标准。当出现现场实际测量的土建尺寸(含机房地板预留口位置、尺寸；井道尺寸、垂直度；层门位置、尺寸等)与图纸不符时，必须向用户提出书面整改意见书，并应签字确认，明确整改的期限，以免影响施工工期或工程质量。

工地勘察的内容包括：电梯的井道是否按照设计图纸施工，电梯井道内的建筑脚手架是否已经拆除，机房和底坑的建筑垃圾是否已经清理干净，机房的电源是否已经到位，电梯厅门口的安全防护设施是否完备等。这些内容都要以书面的形式告知电梯的买方，同时要联系好设备到场的安全堆放场地。具体的详细勘察步骤主要包括如下工作。

1)复核测量

井道内的净平面尺寸(宽和深)、井道留孔、井道垂直度、预埋件位置、底坑深度、顶层高度、层站数、提升高度、牛腿、吊钩位置和机房尺寸等是否与图纸相符，并将测量结果按层数列表做好记录。当基础尺寸与图纸不符时，应书面通知建设单位和土建单位，并及时要求建设单位和土建单位尽快按图纸要求进行修改，同时将井道勘察记录表反馈给安装单位的管理部门，及时协调解决。

2)安装条件复核

(1)机房的土建要求，见表 4-14。

表 4-14　机房的土建要求

机房的结构要求	① 机房应是专用房间，有实体的墙、顶和向外开启的有锁的门； ② 机房内不得设置与电梯无关的设备或用作电梯以外的其他用途，不得安设热水或蒸汽采暖设备； ③ 火灾探测器和灭火器应具有高的动作温度和能防意外碰撞； ④ 机房应经久耐用、不易产生灰尘且用非易燃材料建造，地面应用防滑材料建造或进行防滑处理； ⑤ 机房顶和窗要保证不渗漏、不飘雨
机房的尺寸要求	① 通向机房的通道和机房门的高度不应小于 1.8m，机房内供活动和工作的净高度不应小于 1.8m； ② 主机旋转部件的上方应有不小于 0.3m 的垂直净空距离； ③ 机房的面积应满足图纸要求

机房的防护要求	① 机房地面高度不一，在高度差大于 0.5m 时，应设置楼梯或台阶并设护栏； ② 通道进入机房有高度差时也应设楼梯，若不是固定的楼梯，则梯子应不易滑动或翻转，与水平面的夹角一般不大于 70°，在顶端应设置拉手； ③ 地板上必要的开孔要尽可能小，而且周围应有高度不小于 50mm 的圈框； ④ 若地板上设有检修用活板门，则门不得向下开启，关闭后任何位置上均应能承受 2000N 的垂直力而无永久变形； ⑤ 承重梁和吊钩有明显的最大允许荷载标识
机房的通风与照明要求	① 机房内应通风，以防灰尘、潮气对设备的损害，从建筑其他部分抽出的空气不得排入机房内，机房的环境温度应保持在 5～40℃，否则应采取降温或取暖措施； ② 机房应有固定的电气照明，在地板上的光照度应不小于 200lx，在机房内靠近入口（或设有多个入口）的适当高度设有一个开关，以便于进入机房时能控制机房照明，且在机房内应设置一个或多个电源检修插座，这些插座应是 2P+PE 型 250V
电梯电源的要求	① 每台电梯应有独立的能切断主电源的开关，其开关容量应能切断电梯正常使用情况下的最大电流，一般不小于主电动机额定电流的 2 倍； ② 主电源开关的安装位置应靠近机房入口处，并能方便、迅速地接近，安装高度宜为 1.3～1.5m； ③ 电源开关与线路熔断丝应相匹配，不应盲目用铜丝替代； ④ 电梯动力电源线和控制线路应分别敷设，微信号线路及电子线路应按产品要求隔离敷设； ⑤ 机房内每台电梯应备有一个能切断该梯主电源的开关，但是下列电路应另设开关：轿厢照明和通风；轿顶、底坑电源插座；电梯救援对讲；机房和井道照明；报警器； ⑥ 当机房内安装多台电梯时，各台电梯的主电源开关对该台电梯的控制装置及主电动机应有相应的识别标志，且应检查单相三孔检修插座是否有接地线，接地线是否接在上方，左零右相接线是否正确； ⑦ 电源零线和地线始终分开，应用三相五线制电源； ⑧ 无机房电梯的主电源除应符合上述要求外，该主电源应设置在井道外面并能使工作人员较为方便接近的地方，还应有必要的安全防护措施

(2)井道的土建要求，见表 4-15。

表 4-15　井道的土建要求

井道及底坑要求	① 每一台电梯的井道均应由无孔的墙、底板和顶板组成（已全封闭起来，只允许有下述开口：层门开口；通往井道的检修门、安全门及检修活板门的开口；火灾情况下，排除气体和烟雾的排气孔；通风孔；井道与机房之间的永久出风口）； ② 井道的墙、底面和顶板应具有足够的机械强度，应用坚固、非易燃材料制造，而这些材料本身不应助长灰尘产生； ③ 当相邻两扇层门的地坎间距大于 11m 时，其中间必须要设置安全门，安全门的高度不得小于 1.8m，宽度不得小于 0.35m，检修门的高度不得小于 1.4m，宽度不得小于 0.6m，且它们均不得朝里开启；检修门、安全门、检修活板门均应是无孔的，并具有与层门一样的机械强度，且必须装有电气安全开关，只有在处于检修门关闭的情况下电梯才能启动； ④ 井道应为电梯专用的，井道不得装有与电梯无关的设备、电缆等（井道内允许设置取暖设备，但不能用热水或蒸汽作为热源，取暖设备的控制与调节装置应设置在井道外面）； ⑤ 采用膨胀螺栓安装电梯导轨支架时应满足下列要求：混凝土墙应坚固结实，其耐压强度应不低于 24MPa；混凝土墙壁的厚度应在 120mm 以上； ⑥ 电梯井道最好不设置在人们能到达的空间上面，如果轿厢或对重之下确有人能到达的空间存在，底坑的底面应至少按 5000Pa 荷载设计，并且将对重缓冲器安装在一直延伸到坚固地面上的实心桩墩上或对重侧应装有安全钳装置； ⑦ 每一个层楼应标有一个最终地平面的标高基准线，以便于安装层门地坎时识别； ⑧ 底坑底部与四周不得渗水与漏水，且底部应光滑平整

（3）层站的要求，见表 4-16。

表 4-16　层站的要求

层站的要求	① 电梯安装之前，所有层门预留孔必须设有高度不小于 1.2m 的安全保护围封，并应保证有足够的强度； ② 外呼和层站显示器的开孔宽度和高度应符合图纸要求； ③ 门框的开孔位置、尺寸（开孔宽度和高度）应符合图纸要求； ④ 牛腿尺寸：如果是混凝土牛腿，要求所有牛腿间的垂直偏差不超过 2mm

4. 自动扶梯安装工艺

当自动扶梯的提升高度小于 6m 时，一般是整体运输至安装现场，按照规定的精确位置直接定位。但当自动扶梯的提升高度超过 6m 或安装现场的运输通道不能使整体通过时，可分段运送到现场后进行安装。分段装运时，应将已装配好的扶梯梯级沿牵引链条可拆卸处临时拆开几级，并将梯级与牵引链条临时固定在该分段的金属桥架上。

自动扶梯的安装过程一般分为熟悉自动扶梯平面布置图、土建勘察记录资料、电气原理图等，检查产品合格证和产品检验报告等资料；机械结构起吊和安装、电气部件安装、自动扶梯试运行及验收几个方面。

1）安装准备与吊装

安装前应检查底坑和工作环境，仔细核对土建图上所有的尺寸。特别注意检查土建提供的中间支撑（M）是否到位，见表 4-17。

表 4-17　自动扶梯安装准备工况

工况	内容	示意图
情况一	结构分两段送达安装工地	
情况二	结构分四段送达安装工地	

自动扶梯与自动人行道的现场吊装必须由具有起重资质的专业单位实施。

（1）确定设备进入现场的路线。

① 地面负载。确保现场运输路线的整个地面或临时地面能够承受负载要求。否则由土建方稳妥解决，采取可靠的加固措施。

② 进入大楼的路线。确定现场的卸载点及进入大楼的完整路线。

③ 入口高度。整个运输路线的净高不得低于土建图上规定的最小尺寸。另外，还需考虑建筑结构上已安装的悬挂管线以及运输车轮的高度。

④ 入口宽度。入口宽度的要求取决于自动扶梯或自动人行道的宽度、所运货物的长度(曲率半径)和运输车轮的宽度。必要时，建议采用 1∶1 的纸模型沿整个运输路线走一遍或用 CAD 软件进行模拟。

(2)滑轮组的悬挂。

悬挂点应精确地定位于端部支撑的中点上方。若有几个支撑，则在中间支撑的上方必须增加悬挂点。所有悬挂点的负载必须至少达到 50kN。

(3)起吊方法。

起吊方法分为用两台起重机和用一台起重机起吊两种工况，见表 4-18。

表 4-18　起吊方法工况

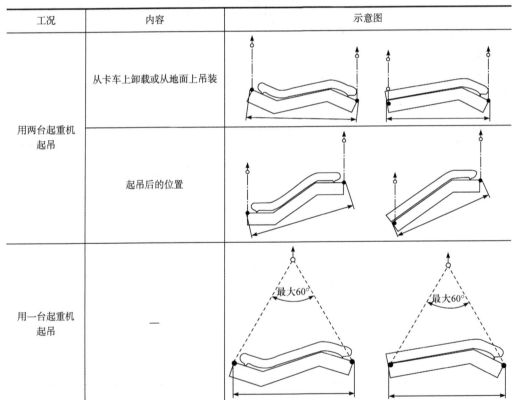

工况	内容	示意图
用两台起重机起吊	从卡车上卸载或从地面上吊装	
	起吊后的位置	
用一台起重机起吊	—	

2)自动扶梯的安装

(1)分段自动扶梯的安装。

方法一，先进行对接，各个扶梯分段(两段或更多)运至现场，放置于端部支撑前。

可将扶梯各段在地面上对接；然后进行定位与调整，把拼接好的扶梯作为一个整体吊装置于端部支撑上，并安装与调整端部支撑。方法二，对于带有一个或多个中间支撑的扶梯，扶梯各段只能分开吊装。整体吊装将造成超出扶梯的最大跨距，桁架(变形、各弦杆弯曲)和对接接头(螺栓所受张力负载)不能承受由此产生的负载。

(2)扶手的安装。

自动扶梯与自动人行道的扶手装置通常是在现场进行安装的，安装工艺基本类似。整个安装过程包括护壁板(玻璃板或金属板材)、扶手导轨、扶手带等的安装。

① 安装护壁板(玻璃板)。按照由下至上的顺序安装玻璃板。将玻璃夹衬放入玻璃夹紧型材靠近夹紧座的地方，用玻璃吸盘将玻璃板慢慢插入预先放好的夹衬中，调整玻璃板的位置后紧固夹紧座。

② 安装扶手导轨。在安装扶手导轨时，应注意接头处要平直对齐，且光滑无毛刺。若存在毛刺，应进行修正，以免划伤在上面运行的扶手带。

③ 安装扶手带。展开扶手带并置于梯级上，设法将扶手带安装在上端部扶手导轨上；将返程区域内的扶手带安置稳妥，防止脱落；自上而下地将扶手带安装在扶手导轨上；调整扶手带张紧度。当所有扶手导轨安装到位并检查合格，且擦净后，即可将扶手胶带自上而下地装上导轨。

④ 测试扶手运行状态。对扶手运行状态进行测试，观察其运行轨迹，观察扶手带宽度的中心与扶手导轨中心的一致性。在改变运行方向时基本不应有跑偏的情况。

⑤ 根据《自动扶梯和自动人行道的制造与安装安全规范》(GB 16899—2011)的要求，扶手带的运行速度与梯级(踏板)速度的误差应为 0%～2%。必要时通过扶手带张紧装置对扶手带的张紧度进行适当的调整，使之符合要求。

(3)围裙板的安装。

围裙板应保持垂直。接缝处要平滑过渡。先安装上、下平台及转弯处，再安装中间。围裙板与梯级之间的间隙不应超过 4mm，在两侧对称位置处测得的间隙总和不应大于 7mm。

(4)电气线路与安全装置的安装。

安装时应注意零线和地线要始终保持分开，接地可靠。导体之间以及导体与地之间的绝缘电阻应符合相关国家标准的规定。各安全开关及监控装置的安装位置应准确，动作可靠、有效。电气线路与安全装置应根据制造厂家的安装工艺及技术要求进行安装。

(5)梯级的安装。

梯级的拆装是在自动扶梯下端张紧装置处进行的。一般情况下，自动扶梯上的梯级绝大部分已在出厂时安装好，为便于现场的安装作业，常留有少数几个待装梯级。直到扶手系统及相关的安全装置等安装、调试完毕后再将待装梯级安装完毕。

梯级应按照制造厂家规定的工艺要求连接至梯级链。先将需要安装梯级的空隙部位运行至转向壁上装卸口处，然后将梯级缓缓送入安装位置，将待装梯级的两个轴承座推向梯级主轴轴套，盖上轴承盖，拧紧螺钉即可。

(6)内、外盖板的安装。

内、外盖板的安装在电气线路、安全装置均安装调试完善后进行。当转角处的扶手装置安装后，先装转角部盖板和弯曲部盖板，然后装中部盖板，所有盖板的连接必须光滑平整。内盖板和护壁板与水平面的倾斜角均不应小于25°。

(7)前沿板的安装。

前沿板是乘客的出入口。为了保证乘客的安全，其高低不能有差异。安装时应注意其表面与地平面平齐，并用水平尺进行校正。由于前沿板还是上平台、下平台维修间(机房)的盖板，因此，前沿板安全开关的安装位置应准确，动作可靠，打开前沿板时，扶梯应无法运行。

4.3.4 无障碍设施更新技术

1. 盲道更新

盲道作为无障碍设施规划的必建项目，是无障碍步行体系中的重要组成部分，也是无障碍设施是否健全的重要标志。盲道是用来引导盲人等视觉障碍者行走与辨别的通道，它不仅是一条铺装的道路，也包括道路两旁可以为视觉障碍者提供信息的所有元素所组成的一个空间。盲道分为提示盲道与行进盲道两种：提示盲道用于提示已经到达或将要到达转弯、道路终点等信息；行进盲道则引导视觉障碍者的行走方向，防止其偏离道路。

在建设盲道系统时，应严格按照《无障碍设计规范》的既定要求设置盲道的宽度、颜色等基本属性，准确使用提示盲道砖和行进盲道砖，在此基础上，灵活地结合盲人的出行特点和需求在不同的地段据情铺设盲道。在修建盲道之前应进行详细的规划，实地考察路面环境，分析盲人可能的目的地，设置通向不同方向、满足盲人不同出行需求的盲道，在铺设过程中尽量减少不必要的弯路，绝对禁止盲道上出现障碍物，保证盲道系统的连续性、安全性和便捷性。

2. 坡道更新

坡道由行进坡道与缘石坡道组成，行进坡道是为符合人行道的通行标准而设置的坡道，缘石坡道是为满足弱势群体进入有高差的道路而设置的坡道。通常缘石坡道被应用在道路两端，平滑地连接坡道与路面。常见的缘石坡道有单面坡道、三面坡道和扇面坡道，三者分别以不同的形式连接路面。单面坡道的坡面是单向的，一般在尺度较小的游憩道路两端设置。三面坡道的三个连接面都作为坡面，一般应用于园区中允许通车路段的两边及路口，见表 4-19。

表 4-19　坡道设置要求

设施	行进坡道	缘石坡道
宽度	行进坡道的宽度应符合轮椅通行的尺度，一般要求可以满足两个乘坐轮椅者交互穿过，行进坡道的宽度以不小于 2.5m 为宜	缘石坡道的最小宽度边应可以满足乘坐轮椅者的使用尺度，最小为 1m，可以满足乘坐轮椅者直接通行
坡度	通行的纵坡坡度应在 5%左右，坡度大于 8%的道路应做防滑处理	缘石坡道的坡度也应满足无障碍坡道通行的正常坡度要求，同时缘石坡道的坡面都应该平整防滑，不可有凸起凹陷

3. 无障碍标识更新

标识系统在生活中起辅助作用，其主要作用在于对公共设施等起到提醒、引导、提示、警示的作用。无障碍标识是特别为残疾人、老年人、儿童等弱势群体设置的标识，为他们提供大量场地信息以及帮助，具有针对性与明确性。无障碍标识的设置彰显着土木工程再生利用后的人性化、开放与平等，体现了对弱势群体的关心与关怀。

各类无障碍标识应做到通用、无遮挡阻拦，设置时应考虑到弱势群体不同的类型，从位置高低、字体大小、颜色等方面进行细致化设计，使其为每一个人都传达详尽的信息。同时标识应当做到有规律地周期出现，以确保使用者可以随着行进知晓周边环境，同时标识应做到易辨别，使得使用者可以明确地分辨和理解出无障碍标识所要传达的信息，如图 4-10 所示。

(a) 无障碍通道　　(b) 无障碍停车位　　(c) 无障碍卫生间　　(d) 无障碍电梯

图 4-10　无障碍标识

4. 无障碍停车位设计

当在停车设施更新中加入无障碍设计时，按照《无障碍设计规范》规定，应选取适当的位置，增设无障碍停车位，并在停车位内施划有"残疾人轮椅"图案。设置要求如下。

(1)无论设置在地上还是地下的停车场地，应将通行方便、距离出入口路线最短的停车位安排为无障碍机动车停车位，若有可能宜将无障碍机动车停车位设置在出入口旁。

(2)无障碍机动车停车位的地面应平整、防滑、不积水，地面坡度不应大于 1∶50。

(3)停车位的一侧或与相邻停车位之间应留有宽 1.20m 以上的轮椅通道。

(4)无障碍机动车停车位地面应涂有停车线、轮椅通道线和无障碍标识。

思　考　题

4-1　道路维修施工技术有哪些?

4-2　简述路基养护修复技术的要点。

4-3　简述沥青混凝土路面养护的注意事项。

4-4　简述道路绿化更新改造的内容。

4-5　管网预处理的方法有哪些?

4-6　管网更新施工技术有哪些?

4-7　管网修复施工技术有哪些?

4-8　管网局部修复技术有哪些?

4-9　消防设施更新技术有哪些?

4-10　简述盲道更新的内容。

参考答案-4

第 5 章　绿色节能技术

5.1　节能改造技术

5.1.1　外墙节能改造技术

1. 外墙保温技术

提高墙体保温性能的关键在于增加热阻值，在技术和材料的选择上，针对不同类型的外墙应该采取不同的改造措施。根据保温材料所处位置的不同，主要有三种保温形式：外墙外保温、外墙内保温、外墙夹芯保温。这三种保温墙体的技术性能比较情况见表 5-1。

表 5-1　三种保温墙体的技术性能比较

比较项目	外墙外保温	外墙内保温	外墙夹芯保温
结构 （由内至外）	墙体结构层 保温绝热层 抗裂砂浆层、网格布 柔性腻子层 涂料装饰面	面层 保温绝热层 墙体结构层	现场施工：将保温层夹在墙体中间 预制：在钢筋混凝土中间嵌入绝热层
主要优点	① 基本消除热（冷）桥，绝热层效率可达 85%～95%； ② 可增加外墙的防水性和气密性，能保护主体结构，增加建筑物的使用年限； ③ 不减少室内使用面积； ④ 室内热舒适度较好，对承重结构不造成危害	① 绝热性能达到 30%； ② 室内施工便利，不受气候环境影响； ③ 不破坏建筑外部形象； ④ 绝热材料在承重墙内侧，强度要求低	① 绝热性能达到 50%～75%； ② 对保温材料要求不严格； ③ 对施工季节和施工条件的要求不高
主要缺点	① 加大了配料难度，要求有较高的防火性、耐久性和耐候性； ② 施工受到气候环境的影响限制； ③ 要求有专业的施工队伍，有相应的安全措施	① 不能彻底消除热桥，内表面易产生结露； ② 建筑外围护结构不能得到保护； ③ 减少了室内的有效利用面积； ④ 防水性和气密性较差	① 墙体较厚，会减少室内使用面积； ② 保温层位于两层承重刚性墙体之间，抗震性能较差； ③ 容易产生热桥，削弱墙体绝热性； ④ 施工工序相对复杂

2. 外墙垂直绿化技术

垂直绿化墙体的优势在于环保性较高，能够实现节能的目标。冬季可以降低热量的损失，而夏季能则实现一定的隔离效果，避免外部热量过多地进入。此外，还能够降低噪声、增加室内的有氧量、改善室内的大气环境质量等，能够为住户提供更加舒适的生活环境，如图 5-1、图 5-2 所示。

图 5-1 密集型树木遮阴

图 5-2 外墙攀缘植物遮阴

外墙垂直绿化形式主要有模块式、铺贴式、攀爬式，各类形式的构造与适用性见表 5-2。

表 5-2 各种垂直绿化形式构造及适用性比较

名称	模块式	铺贴式	攀爬式
构造	将方块形、菱形、圆形等几何单体构件，通过合理搭接或绑缚固定在不锈钢或木头等骨架上，形成各种景观效果	在墙面上直接铺贴植物生长基质或模块，形成一个墙面种植平面系统	在墙面上种植攀爬植物，如爬山虎、络石、常春藤、扶芳藤、绿萝等
适用性	寿命较长，适用于大面积、高难度的墙面绿化，特别是对墙面景观的营造效果最好	直接附加在墙面上，无须另外做钢架；通过自来水和雨水浇灌；易施工，效果好	简便易行；造价较低；透光、透气性好

5.1.2 屋面节能改造技术

屋面的基本功能是抵御自然界的不利因素，使得下部空间有良好的使用环境。对屋面进行再生利用能够有效改善室内环境的舒适性，增加屋面的保温隔热性能。屋面节能改造技术很多，主要有倒置式保温屋面、蓄水屋面、通风屋面、种植屋面等，具体见表 5-3。

表 5-3 常见屋面节能改造技术及其特征

类型	做法	特点
倒置式保温屋面	将保温层设在防水层上面	保温层在防水层之上，防水层受到保护，可以延长防水层的使用年限；构造简单，施工简便，便于维修
蓄水屋面	在屋面荷载允许的情况下，在刚性防水屋面上蓄一层水，利用水的蒸发和流动将热量带走，减少屋面的传热量，降低屋面内表面的温度	在刚性混凝土防水层上蓄水，可以改善混凝土的使用条件，避免直接暴晒和冰雪雨水引起的急剧伸缩；长期浸泡在水中有利于混凝土后期强度的增长

续表

类型	做法	特点
通风屋面	利用屋顶内部的通风层将面层下的热量带走，从而达到隔热的目的	适合在夏季气候干燥、白天多风的地区使用
种植屋面	在屋顶种植绿化，利用植被茎叶遮阳；吸收照射到屋面的太阳辐射；利用植物叶面的蒸腾作用增加蒸发散热量、降低屋面温度	具有良好的夏季隔热、冬季保温特性和良好的热稳定性；美观、环保，对周边的环境有益；种植屋面与普通屋面的室内温度相差 2.6℃

对于上述屋面的节能改造技术，还应注意以下内容。

（1）倒置式保温屋面：①倒置式保温屋面坡度不宜大于 3%；②因为保温层设置于防水层的上部，所以保温层的上面应做保护层，采用卵石保护层时，保护层与保温层之间应铺设隔离层；③现喷硬质聚氨酯泡沫塑料与涂料保护层间应具有相容性；④倒置式保温屋面的檐沟等部位，应采用现浇混凝土或砖砌堵头，并做好排水处理。

（2）蓄水屋面：①蓄水屋面要求屋面防水有效和耐久，否则会引起渗漏，很难修补，所以蓄水屋面宜选用刚性细石混凝土防水层或在柔性防水层上面再做刚性细石混凝土防水层复合；②蓄水屋面分为深蓄水屋面、浅蓄水屋面、植萍蓄水屋面和含水屋面，要根据不同的蓄水屋面类型选择合理的蓄水深度和施工材料；③蓄水屋面的最大问题是及时的水源补给，当在炎热干旱的季节，城市用水最紧张的时候，也是水分蒸发量最大，最需要补水的时候，如果不及时补水，就会造成屋面蓄水干涸，一旦蓄水干涸，就会使刚性防水层开裂，即使再充水，裂缝也不能愈合而发生渗漏，因此，这一问题要重点关注。

（3）通风屋面：①没有定向通风道。大多数地区都采用在屋面防水层上砌砖墩，在砖墩上搁置架空板的做法，当开口不能朝向夏季主导风向或主导风向不稳定时，层内通风就不定向，容易形成紊流，影响风速，散热效果就差。②注意檐口（或女儿墙）是否遮挡通风层。风向转折，使风压减小，如果架空层进风口处的檐口（或女儿墙）把进风口遮挡住了，气流从该处进入就会发生转折，影响风速，致使风压减小，散热性能就比较差。③架空板本身隔热效果差。太阳辐射给屋面的热量一部分由架空板表面反射，其余部分通过架空板传导，所采用的架空板通常为预制混凝土板（3～4cm 厚），混凝土对太阳辐射热的反射程度较低，只有 35%左右，其余热量将被架空板吸收传导，另外，混凝土架空板本身的热阻性能也较差。屋顶是暴露在阳光下面积最大的部分，可能成为房屋热量最大的来源。

（4）种植屋面：①注意加强屋面结构防水、排水性能与耐久性；②注意屋面的植物宜根据地区选择，在南方多雨地区，选择喜湿热的植物，在西北少雨地区，选择耐干旱的植物。

5.1.3　外窗节能改造技术

外窗的绝热性能最差，使其成为室内热环境质量和建筑能耗的主要影响因素，是保温、隔热与隔声最薄弱的环节。外窗的制作材料与工艺对外窗热工性能的影响很大，所以外窗的节能保温性能主要取决于外窗框材料的选择，以及外窗的结构设计形式。因此，降低传热系数，提高气密性，合理选择外窗材质与外窗构造，是外窗节能改造的重点。

1. 窗玻璃的选择

窗玻璃的传热参数和遮阳参数不同，其节能作用效果也完全不同，所以窗玻璃的选择对节能来说至关重要。各种类型的窗玻璃特征见表 5-4。

表 5-4　不同窗玻璃的特征

类型	原理	特点
吸热玻璃	吸收阳光中大量的红外线热辐射	隔热性能好，具有一定的透光率
Low-E 玻璃	表面镀上 Low-E 涂层	隔热性能好，遮阳系数好，透射性能较好，具有光谱选择性
热反射玻璃	在表面镀金属薄膜以及一些干涉层	隔热性能好，但室内采光不好
中空玻璃	有一层静止空气或者其他高热阻气体的间层	隔热性能好，降低噪声

2. 窗框材料的选择

现如今应用较广泛的窗框型材有断桥铝合金型材、玻璃钢型材等。不同窗框材料性能对比见表 5-5。

表 5-5　不同窗框材料性能对比

材料	原理	特点
断桥铝合金型材	利用隔热材料将室内外两层铝合金窗框既隔开又紧密连接成一个整体，从而阻断了通过断桥铝合金窗框的热传递	具有良好的气密性与水密性
玻璃钢型材	采用中碱玻璃纤维无捻粗纱及其织物作为增强材料，采用不饱和树脂作为基体材料，并添加其他矿物填料，再通过加热固化、拉挤成各种不同截面的空腹型材	轻质高强、保温节能、隔热绝缘性能好

3. 窗开启形式的选择

自然通风的受限因素包含很多，其中开窗形式的选择也会影响室内空气的流动速度。窗的开启形式多种多样，主要的形式有推拉窗、平开窗、上悬窗、中悬窗、下悬窗等，这些窗开启形式的对比情况如下。

（1）推拉窗的开窗面积较小，没有其他开窗形式的通风效果好。若使用推拉窗，可结合导风板一起设计，从而增加室内进风量。

（2）平开窗则是一种较为传统的开窗形式。具有开启面积大、通风效果好的优势。但是在使用上有一定的限制，尤其是在高层建筑中，平开窗存在安全隐患，不宜采用，仅仅适用于多层建筑。对比平开窗的两种形式发现，外开窗的室内通风效果优于内开窗，且内开窗会占用一定的室内空间，所以可采取外开窗的形式。

（3）悬窗适用于各类办公建筑，可以有效地引导气流进入室内。通过对比下悬窗和上悬窗作用下的室内通风效果发现，下悬窗的通风覆盖范围比上悬窗大，且上悬窗的空气流动主要位于室内顶部，不利于提高人的舒适度；而中悬窗对空气流动的引导作用最大，且室内通风比较均匀，整体效果要好于其他悬窗形式。

因此，土木工程再生利用时，应以保证安全使用为前提，根据不同需求，选择不同的窗开启形式，并最大限度地促进室内空气的流通，改善室内的通风环境。

4. 遮阳方式的选择

采取遮阳改造可以避免室内吸收过多的太阳热辐射而导致室内过热，从而降低制冷能耗，防止太阳光直接照射而造成强烈眩光。因此，改造时采用得当的遮阳方式可以有效降低能耗，改善室内的舒适度。

外窗遮阳根据形式与位置的不同，主要划分为内遮阳、固定式外遮阳和活动式外遮阳。其中外遮阳构件的基本形式具体见表 5-6。

表 5-6　外遮阳构件的基本形式

基本类型	遮阳范围	适用范围	特点	示意图
水平式	能有效地遮挡高度角较大的、从窗口上方投射下来的阳光	宜布置在南向及接近南向的窗口上，或者在北回归线以南北向及接近北向的窗口上	合理的遮阳板设计宽度及位置能非常有效地遮挡夏季日光而让冬季日光最大限度地进入室内	
垂直式	能有效地遮挡高度角较小的、从窗侧面斜射过来的阳光	在东北、西北向墙面上设置比较理想	在夏季太阳在西北方向落下，所以傍晚在建筑物北面如果有遮阳的需要，垂直式遮阳也是很好的选择	
综合式	能有效遮挡中等太阳高度角、从窗前斜射下来的阳光，遮阳效果均匀	适用于东南向或西南向窗口遮阳，也适用于东北或西北向窗口遮阳	为可调节的综合式遮阳，有更大的灵活性，上下水平遮阳和左右垂直遮阳可以根据环境和需求倾斜不同角度	

基本类型	遮阳范围	适用范围	特点	示意图
挡板式	能有效地遮挡高度角较小的、平射窗口的阳光	适用于东向、西向或接近该朝向的窗户	对视线和通风阻挡都比较严重，宜采用可活动或方便拆卸的挡板式遮阳形式	
百叶式	可以适用于大部分朝向的遮阳	适用于大部分朝向的窗户	有较大的灵活性	

1）内遮阳

内遮阳是成本最低且市面上最常见的遮阳措施，很多既有建筑的遮阳形式都是通过窗帘、布艺等内遮阳方式实现的。内遮阳方式由于在窗帘和窗玻璃间形成间隔而导致阳光进入室内，从而导致热量进一步扩散，因此从节能效果来说，这种"只遮阳不隔热"的遮阳方式并没有外遮阳方式高效、科学。

2）固定式外遮阳

固定式外遮阳指的是遮阳板设置在窗户外侧的遮阳方式，一般需通过日照分析考虑朝向和太阳高度角等因素，进而依据朝向不同进行设置，固定式外遮阳主要有水平式、垂直式和综合式几种。但在具体的应用中，由于固定式外遮阳会对室内采光和通风造成影响，因此在选择这种遮阳方式的时候应进行更详尽的考虑和设计，如何在解决太阳直射造成室内眩光的同时满足室内采光和阻挡太阳辐射的要求是利用外遮阳方式需要考虑的重点。

3）活动式外遮阳

活动式外遮阳是一种遮阳效果好、经济实用的遮阳方式，主要有百叶式和卷帘式两种类型，除此以外还有电动式外遮阳。

5.1.4　地面节能改造技术

在建筑围护结构中，通过建筑地面向外传导的热(冷)量占围护结构传热量的3%～5%，对于我国北方严寒地区，在保温措施不到位的情况下所占的比例更高。地面节能主要包括三部分：一是直接接触土壤的地面；二是与室外空气接触的架空楼板底面；三是地下室(±0.000 以下)、半地下室与土壤接触的外墙。

用于地面保温隔热的材料很多，按其形状可分为以下三种类型。

1) 松散保温材料

常用的松散保温材料有膨胀蛭石(粒径为 3～15mm)、膨胀珍珠岩、矿棉、岩棉、玻璃棉、炉渣(粒径为 3～15mm)等。

2) 整体保温材料

通常用水泥或沥青等胶结材料与松散保温材料拌和，整体浇筑在需保温的部位，如沥青膨胀珍珠岩、水泥膨胀珍珠岩、水泥膨胀蛭石、水泥炉渣等。

3) 板状保温材料

板状保温材料有聚苯乙烯板、加气混凝土板、泡沫混凝土板、膨胀珍珠岩板、膨胀蛭石板、矿棉板、岩棉板、木丝板、刨花板、甘蔗板等。

保温隔热材料的品种、主要性能及特点见表 5-7。

表 5-7 保温隔热材料的品种、主要性能及特点

材料名称	主要性能及特点
泡沫塑料	挤压聚苯乙烯泡沫塑料板是以聚苯乙烯树脂或其共聚物为主要成分，添加少量添加剂，通过加热挤塑成形而制成的具有闭孔结构的硬质泡沫塑料板材； 表观密度>35kg/m³，抗压强度为 0.15～0.25MPa，导热系数<0.035W/(m·K)，具有密度大、压缩性高、导热系数小、吸水率低、水蒸气渗透系数小、耐冻融性能和抗压缩蠕变性能很好等特点； 模压聚苯乙烯泡沫塑料板是用可发性聚苯乙烯珠粒经加热预发泡后，再放入模具中加热成形而制成的具有微闭孔结构的泡沫塑料板材； 表观密度>18kg/m³，抗压强度>0.1MPa，导热系数<0.041W/(m·K)，具有质量轻、保温、隔热、吸声、防震、吸水率小、耐低温性好、耐酸碱性好等特点
加气混凝土	加气混凝土是用钙质材料(水泥、石灰)、硅质材料(石英砂、粉煤灰、高炉矿渣等)和发气剂(铝粉、锌粉)等原料，经磨细、配料、搅拌、浇筑、发气、静停、切割、压蒸等工序生产而成的轻质混凝土材料； 表观密度为 400～600kg/m³，导热系数<0.03W/(m·K)
硬质聚氨酯泡沫塑料	硬质聚氨酯泡沫塑料是以多元醇/多异氰酸酯为主要原料，加入发泡剂、抗老化剂等多种制剂，在屋面工程上直接喷涂发泡而成的一种保温材料； 表观密度为 30～40kg/m³，导热系数<0.03W/(m·K)，抗压强度>150kPa，具有质量轻、导热系数小、抗压强度大等优点
泡沫玻璃	泡沫玻璃是采用石英矿粉或废玻璃经煅烧形成的具有独立闭孔的发泡体； 表观密度>150kg/m³，抗压强度>0.4MPa，导热系数<0.062W/(m·K)，吸水率<0.5%，尺寸变化率在 70℃经 48h 后<0.5%，具有质量轻、抗压强度高、耐腐蚀、吸水率低、不变形、导热系数和膨胀系数小、不燃烧、不霉变等特点
微孔硅酸钙	微孔硅酸钙是以二氧化硅粉状材料、石灰等增强材料和水经搅拌、凝胶化成形、蒸压养护、干燥等工序制作而成的；具有容重轻、导热系数小、耐水性好、防水性强等特点
泡沫混凝土	泡沫混凝土为一种人工制造的保温隔热材料。一种是水泥加入泡沫剂和水经搅拌、成形、养护而成。另一种是用粉煤灰加入适量石灰、石膏及泡沫塑料和水拌制而成，又称为硅酸盐泡沫混凝土。这两种泡沫混凝土具有多孔、轻质、保温、隔热、吸声等性能。其表观密度为 350～400kg/m³，抗压强度为 0.3～0.5MPa，导热系数为 0.088～0.116W/(m·K)

5.2　能源利用技术

5.2.1　太阳能利用技术

目前，太阳能利用技术主要是通过太阳能获得热能、电能、光能，进而为工程的热水供应、采暖、通风、空调以及照明提供能源支持，如图 5-3 所示。

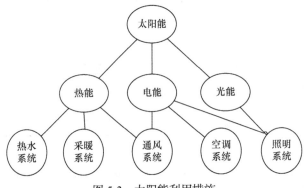

图 5-3　太阳能利用措施

1. 太阳能热水系统

太阳能热水系统由集热系统（太阳能集热器）、储热系统（保温水箱）、辅助系统和控制系统组成。

太阳能集热器可以实现太阳能向热能的转化，集热器内的水吸收太阳能后升温以对采暖设备加热或提供生活用热水。目前太阳能集热器按材质不同可分为真空管集热器、平板集热器、陶瓷集热器、塑料集热器等。

在太阳能热水系统应用中，除应对太阳能集热器的安装角度、朝向等做出合理安排外，还应确定太阳能集热器的面积，以保证使用者的用水需求。上海花园坊节能环保产业园内的太阳能热水设施如图 5-4、图 5-5 所示。

图 5-4　太阳能热水设施（一）

图 5-5　太阳能热水设施（二）

2. 太阳能光伏发电系统

太阳能光伏发电系统利用光伏组件将太阳能转变为电能。一个典型的光伏发电系统由光伏组件、蓄电池、控制器、逆变器四个关键组件构成，光伏组件包括光电池和光伏瓦两种类型。

1）光电池

光电池分为单晶硅光电池、多晶硅光电池和非晶硅光电池。其中，单晶硅光电池的光电转换效率最高，价格也最高。含有非晶硅光电池的光伏太阳能技术效率通常低于晶硅光电池，其光电转换效率仅能达到单晶硅光电池的 1/2 左右。

2）光伏瓦

将光伏瓦或光伏组件以瓦的形式铺装，是一种新型瓦材的瓦屋面形式。光伏瓦以陶土为主要建材，中间镶嵌一块带有太阳能电池的模块。这种光伏瓦远看与普通瓦片十分相似，光伏板更美观，体积小而灵活，同时具有很高的能量产量。

3. 太阳能采暖通风系统

太阳能采暖通风系统是将南向"多余"的太阳能收集起来用以加热空气，再由风机通过管道系统将加热的空气送至北向房间，达到采暖通风的效果。

4. 太阳能自然采光系统

太阳能自然采光系统是通过各种采光、反光、遮光设施，将自然光源引入室内进行利用，较为有效的方式主要有增大采光口（屋顶、侧窗）面积、反光板采光、光导管采光。在使用过程中需注意以下几点。

（1）增大采光口面积。要结合再生后的功能要求，合理设计采光口的数量和大小，同时须注意，采用屋顶采光时，要避免炎热时室内温度过高、寒冷时室内热量流失的问题。

（2）反光板采光。反光板采光是利用光线反射原理来调节进入室内的阳光以达到改善室内天然光环境的目的，所以反光板一般被用来遮阳和将反射的光线引到顶棚，以防止反光板表面的眩光对人眼的刺激。反光板材料的选择应该综合考虑其反射系数、结构强度、费用、清洁保护方便性、耐久性以及建筑室内外造型美观等多种因素。

（3）光导管采光。光导管采光分为被动式与主动式两种：被动式光导管是将光线通过采光罩采集之后，再经过光导管的反射，最终通过散光片均匀地分散到建筑的内部，但采光设备不能移动；主动式光导管是聚光器的采光方向总是向着太阳，最大限度地采集太阳光。

5.2.2　风能利用技术

风能利用技术是利用风力机将风能转化为电能、热能、机械能等各种形式的能量，用于发电、提水、制冷、制热、通风等。常用的风能利用技术有风力发电与自然通风。

(1)风力发电技术是利用风力带动风车叶片旋转，再通过增速机将旋转的速度提升，来促使发电机发电。因此，风力发电技术适用于风力能源充足的地区，应保证建筑与风力发电机组的有机结合，重点考虑风力发电能够满足建筑的电力需求。若风力发电机组安设在建筑顶部，则还应严格计算顶部附加荷载对整个建筑结构体系安全性的影响。

(2)自然通风技术就是利用自然的手段(风压、热压)来促使空气流动，将室外的空气引入室内来通风换气，用以维持室内空气的舒适性，如图 5-6、图 5-7 所示。

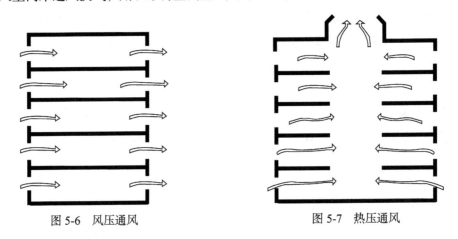

图 5-6　风压通风　　　　　　　　　　图 5-7　热压通风

风压通风是指风在运行过程中由于建筑物的阻挡，在迎风面和背风面产生了压力差，由高压一侧向低压一侧流动，由迎风面的开口进入室内，再由背风面的孔口排出，形成空气对流。其中，压力差的大小与建筑的形式、建筑与风的夹角以及建筑周围的环境有关。

热压通风是指由于室内外的温差而产生温度梯度，室内空气温度高、比重小，聚集在建筑物的上部，从建筑上方的开口排出，而室外空气温度低、密度大，从建筑下方的开口进入室内补充空气，促使气流产生了自下而上的流动，来实现自然通风。热压作用与进、出风口的高差和室内外的温差有关，室内外温差和进、出风口的高差越大，则热压作用越明显。

5.2.3　地源热泵利用技术

地源热泵利用技术是一种利用浅层地热资源的既可供热又可制冷的高效节能空调技术。地源热泵的工作原理是：冬季，热泵机组从地源(浅层水体或岩土体)中吸收热量，向建筑物供暖；夏季，热泵机组从室内吸收热量并转移释放到地源中，实现建筑物空调制冷。根据地热交换系统形式的不同，地源热泵系统分为地下水地源热泵系统、地表水地源热泵系统和地埋管地源热泵系统，如图 5-8、图 5-9 所示。

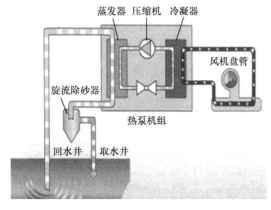
图 5-8　地源热泵的工作原理

图 5-9　分体式热泵机组

常见的地源热泵形式见表 5-8，其中，地下水热泵系统要求建筑地下水源稳定，河湖水源热泵系统则要求建筑邻近江河、湖泊，土壤热泵系统虽无特定的地理位置要求，但造价较高。因此，在土木工程再生利用时，应结合建筑的功能定位与能源需求，重点考虑采用的热泵系统是否经济合理。此外，由于地源热泵系统为地下设施，其运营过程中若发生故障则不利于问题的快速排查且维修费用较高，所以应严格控制地源热泵系统的建造质量，并配设精准的故障报警系统。

表 5-8　地源热泵利用技术比较

名称	特点
地下水热泵	占地面积小，要求有保证机组正常运行的稳定水源，温度范围为 7～21℃，需要打井，为保持地下水位需要注意回灌，从而不破坏水资源
河湖水源热泵	投资小，水系统能耗低，可靠性高，且运行费用低，但盘管容易被破坏，机组效率不稳
土壤热泵	垂直埋管系统占地面积小，水系统耗电少，但钻井费用高；水平埋管系统安装费用低，但占地面积大，水系统耗电多

5.3　资源优化技术

5.3.1　废旧材料再利用技术

对废旧材料的回收再利用，是通过在施工现场建立废物回收系统，再回收或重复利用拆除时得到的材料，可减少改造时新材料的消耗量，也可减少建筑垃圾，降低企业运输或填埋垃圾的费用。废旧材料再利用方式可分为建筑废旧材料再利用与设备废旧材料再利用两种。废旧材料种类较多，再利用方式多样，具体见表 5-9。

表 5-9　废旧材料再利用方法及发展现状

材料种类	常用方法	发展现状
废旧金属	通过回收站送往钢筋加工厂进行回炼，废钢丝、铁丝、电线和各种钢配件经过分拣、集中、回炉再造，可加工成各种规格的钢材；钢渣可制作成砖和水泥	没有按牌号对废旧钢铁进行分选储存，影响重熔品质；回收利用技术科技含量低，鉴别手段陈旧，再利用品质受影响
废旧木材	可制造人造板、细木工板、不易开裂的承重构件，与废旧塑料复合可生产木塑复合材料；化学改性后可制取强度高、抗腐蚀性强、制造成本低的氨基木材	重视程度不够，未形成回收利用体系，技术设备落后
废旧玻璃	可制作成装饰板、玻璃布、水泥瓦骨料、纱布、砂纸、人造大理石板、地面砖、马赛克等建筑用板材	废旧玻璃比重大，回收率低，发展潜力大
废旧混凝土	可用于回填、加固软土地基，可用于制作砌块、砖铺道、花格砖等建材，将废旧混凝土和废旧黏土砖进行特殊处理后可作为橡胶填料、保温节能材料	国内对再生混凝土的研究起步比较晚，还处在试验阶段，目前再生混凝土一般仅用于非承重结构
废旧砖石材料	可用于加固软土地基，制作砌块、保温材料等，在土壤改良、绿化种植、景观美化方面都有应用	体量大，用途广
废旧碳纤维	物理回收：将复合材料用物理的方法碾碎、压碎制成颗粒，细粉可用作建筑填料、铺路材料、水泥原料或者高炉炼铁的还原剂等。化学回收：利用化学改性或分解的方法使废弃物成为可以回收利用的其他物质	碳纤维作为高强韧复合材料的增强纤维，被越来越多地运用到了建筑领域。国内外对废旧碳纤维的再利用方法主要有两种：物理回收、化学回收
其他废弃物	废旧橡胶可以用来制作再生胶、炭黑，可以处理成胶粉用于生产胶粉改性沥青，并可以制作橡胶改性混凝土	

1. 建筑废旧材料再利用

以建筑废旧材料利用程度的高低和对环境影响的优劣作为标准，可以将建筑废旧材料的利用方式进行层次划分，各种处理方法对应不同的利用层次。对于建筑废旧材料的处理，最优的方法应该是从源头消除或减少建筑废旧材料的产生，如果无可避免地要产生建筑废旧材料，首先应考虑直接对废旧材料或构件进行回收利用；如果材料或构件因为损坏、变形等种种原因不能继续使用，则可以将其粉碎成原材料进行再利用；如果粉碎成原材料并不能被很好地利用，就可以采用焚烧的方法以获取其化学能量；如果不能焚烧，则采用填埋的方法对其进行处理。建筑废旧材料的处理层次和处理要点见表 5-10。

表 5-10　建筑废旧材料的处理层次和处理要点

处理层次	处理要点
消除或减少建筑废旧材料的产生	在设计中考虑建筑的适应性和耐久性以及建筑的拆解；建造过程中充分利用建筑材料
废旧材料的回收利用	对结构进行拆解获取构件及材料；回收利用建筑废旧材料用于新的建设之中

续表

处理层次	处理要点
废旧材料的再利用	用于制造价值较原产品高的产品的原材料(升级利用)； 用于制造价值与原产品相同的产品的原材料(平级利用)； 用于制造价值较原产品低的产品的原材料(降级利用)
焚烧	获取焚烧物中的化学能量
填埋	可用于填埋部分坑洼的地方

2. 设备废旧材料再利用

设备废旧材料再利用是指对没有受到损害或者受损较小仍然可以使用的设备和构件进行回收利用。废旧设备、构件的回收不仅可以减少新材料的使用和节约加工成本，还可以保存建筑设备、构件中的固化能量。

还可以从艺术景观角度对废旧设备进行处理，对于大型废旧设备，可在不影响建筑改造与改造后建筑使用的情况下，予以适当的保留，沈阳市工业展览博物馆再生利用项目的设备再利用如图 5-10 所示；对于小型设备的废旧材料，则可通过艺术重组的方式，将其作为园区景观特色，如图 5-11 所示。

图 5-10　大型废旧设备景观利用　　　　图 5-11　小型废旧设备艺术重组

5.3.2　水资源再利用技术

土木工程再生利用项目中，水资源再利用技术主要涉及雨水利用技术与污水利用技术。

1. 雨水利用技术

雨水利用技术是将雨水经过蓄积、处理、过滤后用作生产生活用水。收集到的雨水通过净化处理之后，可直接用于绿化和冲厕等，还可通过雨水的渗透直接补充地下水。但由于受到季节和地域的影响，雨水收集具有不稳定性，所以雨水利用技术更适合用于雨水量充沛的地区。

1) 雨水收集技术

常用的汇流面有屋面、路面、地面、绿地等。收集的雨水除受降水量控制外，汇流面大小和汇流效率也是决定因素。雨水收集技术是控制源头水质、提高汇流效率的技术，其原理图如图 5-12 所示。

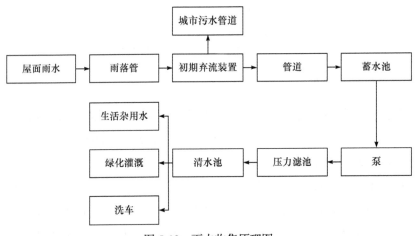

图 5-12　雨水收集原理图

屋面收集的雨水相对洁净，易实现重力流，是良好的回用水源，应当优先收集；屋面雨水收集系统主要由屋面、汇流槽、下落管和蓄水设施组成。路面多为硬质地面，雨天表面能产生大量径流，可采取挖建集雨沟、集雨池或铺设雨水管等方式收集雨水，收集效率较高。

2) 雨水渗透技术

雨水渗透技术是雨水通过地表土壤进行下渗，以减少径流损失、回补地下水含量的一种技术。它具有技术简单、设计灵活、便于施工、运行方便、投资额小、节能效益显著等优点。雨水渗透还具有补充滋养地下水资源，改善生态环境，缓解地面沉降等效益。根据方式不同，雨水渗透技术可分为集中渗透技术和分散渗透技术两大类，也可分为人工强制渗透技术和自然渗透技术。集中渗透规模大，储水净化能力强，但需要一套完备的雨水收集输送存储系统，造价高，工艺相对复杂一些，主要包括渗透雨水口、渗透雨水井、渗水洼塘等设施。分散渗透无规模限制，设施简单，可以充分利用表层植被和土壤过滤径流中水体的污染物，但一般渗透速度慢。各种渗透设施的基本情况见表 5-11。

表 5-11　各种渗透设施的优缺点

名称	主要优点	局限性
低势绿地	透水性好、就地取材、节省投资	渗透流量受土壤性质限制
人造透水地面	可利用表层土壤的净化能力，技术简单，便于管理	受土质限制，需较大透水面积，调蓄能力低

续表

名称	主要优点	局限性
渗透管沟	占地面积小，调蓄能力强	堵塞后清洗困难，无法利用表层土壤的净化能力
渗透井	占地面积小，便于集中管理	净化能力差，水质要求高，要求预处理
组合渗透设施	取长补短，效果显著	可能相互影响，占地面积大

3) 雨水处理技术

由于雨水的水量和水质变化较大，用途不同所要求的水质标准和水量也不同，所以雨水处理的工艺流程和规模应该依据水资源回收再利用的方向和水质要求、可用于收集的雨水量和水质特点进行拟定，并进行经济性分析后确定。工艺方法可采用物理法、化学法、生物法和多种工艺组合，见表 5-12。

表 5-12 常见的雨水处理技术

方法	工艺流程	适用范围
物理化学法	屋面雨水→筛滤网→初期雨水→蓄水池自然沉淀→过滤→消毒→储水池	雨水的可生化性较差，通常在雨水负荷大时采用
深度处理技术	混凝过滤→浮选→生物工艺→深度过滤	对水质有较高要求时采用
自然净化技术	应用土壤学、植物学、微生物学的基本原理	绿化、景观要求高的建筑区域采用

其中自然净化技术立足于土壤学、植物学、微生物学的基本原理，完成雨水的净化，通常与绿化、景观相结合，是一种投资低、节能、适应性广的雨水处理技术。几种常见的自然净化技术见表 5-13。

表 5-13 常见的自然净化技术

名称	作用机理	节能效果
人工土壤-植被渗透技术	通过微生物生态系统净化功能来完成物理、化学以及生物等净化过程	实现土壤颗粒的过滤、表面吸附、离子交换、植物根系和土壤对污染物的吸收分解
雨水湿地技术	通过模拟天然湿地的结构和功能，建造类似沼泽地的地表水体	实现雨水净化，改善景观
雨水生态塘	指能调蓄雨水的天然或人工池塘	具有生态净化功能

2. 污水利用技术

污水利用技术是在生物处理的基础上对二级出水进一步处理，以达到再生利用的目的，主要包括深度处理技术和消毒技术两个重要组成部分。

1）深度处理技术

深度处理技术包括混凝沉淀、介质过滤、膜处理和氧化。深度处理的目的是进一步去除生物处理过程中未能完全去除的有机污染物、SS、色度、嗅味和矿物质等。

（1）混凝沉淀技术。

混凝沉淀技术是通过外加混凝剂改变胶体颗粒的表面特性，使分散的胶体颗粒聚集形成大颗粒，沉淀后完成对污水的处理，可以快速有效地去除水中的悬浮物、胶体、部分有机物以及藻类等杂质。选取高效的混凝剂是混凝沉淀技术的关键。无机混凝剂中，铝盐和铁盐是最常用的混凝剂。作为铝盐混凝剂的代表，聚合氯化铝（PAC）的适用范围广，可处理各种浊度的原水，是一种广泛使用的无机高分子混凝剂。聚合硫酸铁（PFS）和聚硅硫酸铁（PFSS）等聚铁类混凝剂在净水过程中生成的絮体强度高、沉降快，对某些重金属离子、COD、色度和恶臭等指标的去除效果良好，在水处理应用中也具有较好的应用前景。

市政工程二级出水经过混凝沉淀处理后，浊度、SS、BOD_5、COD、总氮、总磷能够得到较好的去除，去除率通常分别达到 50%～60%、40%～60%、30%～50%、25%～35%、5%～15%、40%～60%。混凝剂与有机絮凝剂复合使用对二级出水的处理效果更佳，浊度的去除率可达 65%以上，COD 的去除率可提高到 50%～65%。

（2）介质过滤技术。

介质过滤技术包括砂滤技术、滤布滤池、生物滤池等。

砂滤技术是用滤料过滤截留悬浮物、胶体物质的方法，一般以石英砂、锰砂和无烟煤等无机介质作为滤料。某污水处理厂二级出水进行砂滤处理后的结果显示，TP、TN、SS 的去除效果良好，去除率分别为 46.8%～87.7%、44%～93%、50%～100%。

滤布滤池将过滤截留和沉淀两大功能集中于同一滤池内，同步完成来水处理。该技术采用带有孔洞的滤布过滤去除总悬浮固体。南方某城市污水处理厂二级出水采用滤布滤池过滤技术后，总磷去除率高达 80%，SS 去除率为 35%～100%。

生物滤池通常由池体、滤料、布水装置和排水系统四部分组成。该技术通过滤料及表面附着的生物膜去除 COD、含氮污染物和悬浮物，主要有曝气生物滤池和反硝化生物滤池两类。曝气生物滤池和反硝化生物滤池均对来水中的 COD 和 BOD_5 有良好的去除效果。曝气生物滤池还能同时去除氨氮，而反硝化生物滤池则具有良好的去除硝态氮的能力。将外加甲醇作为反硝化生物滤池碳源的研究表明，甲醇投加量最优时，生物滤池出水总氮去除率>88%，可同时实现 TP 的部分去除。

（3）膜处理技术。

膜处理技术的基本原理是通过膜在分子水平实现对不同粒径的混合物进行选择性分离，因此，膜处理技术又称为膜分离技术。应用较广的膜有微滤膜、超滤膜、纳滤膜和反渗透膜。膜处理的基本功能分为两类：一类是基于微滤和超滤技术实现固液分离；另一类是基于反渗透技术实现脱盐和去除溶解性污染物。

微滤、超滤或纳滤技术主要利用膜的小孔径去除水中的 SS 和胶体颗粒，同时脱除水中的部分细菌。膜处理技术具有对 SS 和胶体颗粒的去除率高、占地面积小和自动化水平高等优点。

反渗透技术是当今最先进和最节能有效的膜处理技术，在海水淡化领域具有非常良好的应用前景。反渗透原理是在高于溶液渗透压的外压作用下，利用反渗透膜对水中的溶解性物质进行去除。反渗透膜的孔径远小于微滤、超滤和纳滤膜，孔径单位可达 $10^{-9}m$，只能透过水而不能透过溶质，具有出水水质好、有机质和盐透过率低等特点，广泛用于污水脱盐回用工艺中。某城市生活污水厂二级出水再生回用作某热电厂的循环冷却水，反渗透深度处理系统运行稳定，处理效果良好，对电导率、氨氮、总氮的去除率分别为 97.5%、95.7%、94.4%，TOC 的去除率接近 100%。

(4) 氧化技术。

氧化技术是利用强氧化剂(臭氧、过氧化氢或复合氧化剂)对水中的色度、嗅味和生物难降解的有毒有害有机物等进一步去除的技术。

臭氧是一种强氧化剂，其氧化能力在常见的氧化剂中最强。利用臭氧对北京市高碑店污水处理厂的二沉池出水进行深度处理的研究表明，在最佳臭氧投加条件下，色度的去除率能提高 70% 左右，出水可生化性提高到二沉池出水的 1.5 倍以上。臭氧氧化具有选择性，往往在处理化学结构十分稳定的难降解有机污染物时效果不理想，还可能生成毒性更大的中间产物，因此，需要使用复合氧化技术对二级处理来水进行深度处理。Fenton 氧化是一种由过氧化氢和亚铁离子反应生成羟基自由基的复合氧化技术。羟基自由基的氧化能力比臭氧更强，而且没有选择性，可以彻底氧化难降解有机污染物。华北地区某城镇污水处理厂二级生化出水经过 Fenton 氧化工艺处理后，在最优试验条件下，污水 COD、色度和 TP 去除率可分别达到 97.5%、96.7% 和 99.2%。

2) 消毒技术

消毒过程是再生水回用的必备单元，其目的在于灭活水中的病原微生物。消毒技术可分为化学消毒和物理消毒两类。化学消毒中的氯消毒技术在各行各业中应用得最为普遍，紫外消毒技术则是最常用的物理消毒技术。

(1) 氯消毒技术。

氯消毒是利用含氯消毒剂灭活致病细菌和病毒的技术，常用的含氯消毒剂有液氯、次氯酸钠、次氯酸钙或二氧化氯等。再生水厂常使用液氯消毒，其原理是液氯溶于水生成的次氯酸可以起到杀菌的作用。目前最安全的含氯消毒剂是二氧化氯，由于其具有广谱的微生物灭活效果，且不产生致畸、致癌、致突变的消毒副产物，因此，在再生水杀菌过程中逐渐得到重视。

二氧化氯和液氯这 2 种含氯消毒剂对某城市污水再生水的消毒效果的比较结果表明，2 种消毒剂在各自最优投加条件下，各项水质指标均满足《城市污水再生利用　城市杂用水水质》(GB/T 18920—2020)的要求，但采用二氧化氯对城市污水再生水进行消毒，生成的氯化消毒副产物明显少于液氯消毒。

(2)紫外消毒技术。

紫外消毒是利用低压或中压紫外线灯发出的光子能量来灭活水中各类病毒、细菌及其他病原体 DNA 结构的技术。紫外线对城市污水再生水消毒的中试结果表明，在合适的试验条件下，消毒后再生水的总大肠菌群指标能够满足《城市污水再生利用　城市杂用水水质》(GB/T 18920—2020)的要求，延长紫外线照射时间，总大肠菌群的光复活和暗复活能力都丧失。

思 考 题

5-1　外墙保温技术主要有哪几种形式？各有什么优缺点？

5-2　外墙垂直绿化技术主要有哪几种形式？各有什么特点？

5-3　屋面节能改造技术主要有哪几种形式？各有什么特点？

5-4　窗开启形式主要有哪几种？各有什么特点？

5-5　外窗遮阳方式主要有哪几种？各有什么特点？

5-6　地面保温隔热的材料按形状可分为哪几种类型？

5-7　太阳能自然采光系统在使用过程中需注意哪些问题？

5-8　地源热泵利用技术主要有哪几种形式？各有什么特点？

5-9　废旧材料再利用的常用方法有哪些？

5-10　污水深度处理技术有哪几种？请简述其原理。

参考答案-5

第6章 安全控制技术

6.1 数值模拟技术

6.1.1 数值模拟分析流程

1. 结构在基本荷载作用下的分析

基本荷载作用下的设计主要包括对结构进行静力荷载、风荷载下的传统优化设计，此过程可采用效应组合分析。

(1)根据结构的设计使用年限，确定基本荷载的取值重现期，进行静力各工况下的荷载汇集。

(2)对于线性结构，首先进行各个荷载单一工况下的静力分析，获得结构各个荷载单一工况下的效应结果。

(3)按照荷载工况对各个效应进行组合，将组合后的结构效应与抗力进行比较(强度、稳定承载力、变形等)，如果不能满足要求，则继续对结构进行体系或者构件的优化调整，直至满足规范要求。

2. 结构抗震设计

抗震设计主要是对结构进行传统设计方法的抗震分析，主要可以采用反应谱法和时程分析法进行分析。

(1)建立结构的动力分析模型。

(2)对结构进行反应谱法的多遇地震分析，并将多遇地震分析结果与静力分析结果进行工况组合分析，将组合后的结构效应与抗力进行比较(强度、稳定承载力、变形等)，如果不能满足要求，则继续对结构进行体系或者构件的优化调整，直至满足规范要求。

(3)根据结构的重要性确定是否需要进行罕遇地震的补充计算，对计算结果进行分析，并根据大震不倒设计原则对结果进行校核和结构的优化调整，直至满足规范要求。

3. 结构施工校核设计

在上述分析的基础上进行第三个步骤的施工校核设计，该步骤主要是采用合适的施工模拟方法对前两个步骤传统设计方法设计出的建筑结构进行施工模拟分析，考察施工过程中未成形结构的安全性能和状态。

(1)建立施工仿真模型，按照施工顺序对结构进行安装构件分组，即将结构施工过程划分为一个个施工阶段，将每个施工阶段所施工的构件作为一个单元组，以便后续施工模拟时可以按组对施工构件进行激活，模拟结构的几何时变特性。

(2)按照施工阶段对结构施加施工荷载，并读入材料时变子程序，模拟各阶段施工荷载的时变特性和结构材料的时变特性。

(3)模拟结构施工拼装过程及卸载过程。

(4)提取结构各个施工阶段的效应结果(杆件内力、总体位移等)，并与对应阶段的结构抗力进行比较，校核是否满足安全和施工精度要求，如果满足要求则设计结束，否则根据计算结果继续对结构进行优化调整，直至满足安全和施工精度要求。图 6-1 为最终考虑施工过程的时变结构分析流程图。

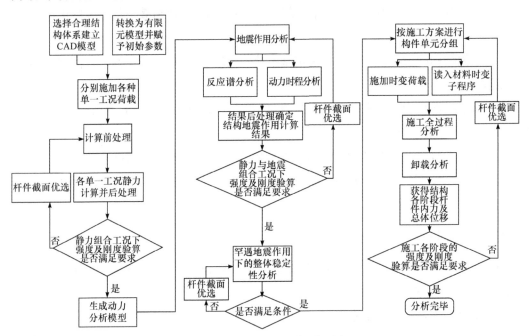

图 6-1 考虑施工过程的时变结构分析流程

再生利用项目施工全过程分析可以按时段离散和时间冻结理论实现。即将施工过程根据施工安装进程划分为一系列施工阶段，将各施工阶段结构视为一系列时不变结构，下一阶段的计算以上一阶段的平衡状态为计算初始状态，通过对一系列时不变结构进行连续求解，获得施工过程中的结构状态。

最后通过分步加荷、分步约束、混凝土收缩徐变模拟及单元生死等关键技术对荷载时变、边界时变、材料时变以及结构体几何刚度时变进行模拟，进而实现考虑收缩徐变效应的施工全过程分析。具体模拟分析过程如下：

(1)根据设计信息，建立整体结构有限元模型；

(2)采用生死单元技术将模型所有单元杀死,模拟结构施工前的"零"状态;

(3)依据实际施工流程和进度,采用生死单元技术逐步对相应施工阶段的单元进行激活,并对相应材料参数进行定义,施加相应的施工荷载,在此基础上对各阶段结构进行连续性有限元求解,实现施工全过程模拟。

6.1.2　数值模拟基本方法

施工模拟就是通过计算机系统模拟施工过程,求解内力和位移,论证施工方案的可行性,甚至可以指导方案设计;对理论值与实测值进行比较分析,若两者偏差较大,就要进行检查并分析原因,及时对产生偏差的主要参数进行修正,或者采取有效的调整措施,使施工偏差保持在允许的范围之内,保证安装过程中结构的安全性及安装完成后结构的可靠性。施工和设计是不能分开的,结构的设计必须考虑施工方法、施工中的内力与变形,而施工方法的选择应符合设计要求,使设计与施工相互配合。

施工模拟仿真分析最早应用于大跨度混凝土桥梁的施工控制中,技术相对比较成熟。其通过对施工过程中每个阶段的应力、应变、位移等进行监控,采用合理的理论分析方法确定结构在施工过程中所处的状态,用以预测、实测、评估、控制施工中每个阶段结构的行为,起到指导施工的作用,使结构的最终变形和内力均处于安全、可控状态。施工过程控制中的模拟分析方法主要包括正装分析法、倒拆分析法、无应力状态法、解析法、正装-倒拆迭代法等。

1. 正装分析法

正装分析法也称为前进分析法,是按结构施工阶段实际的加载顺序,仿真计算出各施工阶段结构的变形和受力。首先假设一组施工步骤,并得到一个最终状态,将该状态与最优状态进行比较,根据最小二乘法原理通过不断迭代使二者最为接近,直至结果收敛,并满足精度要求。

正装分析法的主要特点如下。

(1)能较好地反映结构的实际施工过程,能够得到结构不同施工阶段的受力状态,一旦施工方案改变,成形结构的受力状态也将随之改变。因此,在前进分析之前,应制定详细的施工方案,只有依照施工方案中确定的施工加载顺序进行结构分析,才能得到结构中间阶段或最终成形状态的实际变形和受力状态。

(2)前一阶段的结构受力状态是后一阶段分析的基础,随着施工阶段的推进,结构形式、边界约束、荷载形式在不断变化。

(3)在施工分析过程中通过最小二乘法能够将混凝土收缩、徐变和结构非线性等引起的计算结果不收敛的影响降到最小。

(4)能够较好地模拟大跨结构的施工历程，得到结构在各个施工阶段的位移及内力状态，这可以作为施工控制的重要依据，因此对各种形式的大跨结构，如果想要提前了解施工过程各阶段的位移和受力状态，首选方法即为正装分析法。

2. 倒拆分析法

倒拆分析法是指从结构的成形状态出发，按与实际施工相反的顺序，进行逐步倒退计算而求出与各施工阶段相关的控制参数。其主要特点如下。

(1)倒拆计算的初始状态必须由正装分析法确定，这样才能得到各个施工阶段的理想状态。

(2)拆除单元这一过程，用被拆除单元连接处的内力反方向作用在剩余结构连接处加以模拟。这些内力值由正装分析法得到。

(3)满足线性叠加原理，即拆除构件的结构状态为拆除构件前的结构状态与被拆除构件等效荷载作用效应的线性叠加。

3. 无应力状态法

无应力状态法以结构中各构件的无应力长度和曲率不变为基础，将结构的最终完成状态和施工各阶段的中间状态联系起来，设想一座已经完工的大跨结构解体，即无论结构温度、位移、外部荷载如何变化，结构的无应力长度和曲率不随外界环境变化而变化，只是结构的有应力长度和曲率不相同而已。结构的无应力状态只是一个数学目标，通过它将结构安装的中间状态和最终状态联系起来，为分析大跨结构的各种受力状态提供了一种有效方法。

6.1.3 数值模拟有限元方法

有限元方法是随着计算机性能的不断提高而发展出的一种简便有效的数值分析方法。有限元分析可分成三个阶段：前处理、处理和后处理。前处理是建立有限元模型，完成单元网格划分；后处理则是采集处理分析结果，使用户能简便地提取信息，了解计算结果。有限元分析广泛应用于结构分析中，其分析思路主要有以下几个步骤。

(1)定义研究对象：结合模型实际情况，建立研究对象的几何模型，同时对该模型的力学特性进行定义。

(2)网格划分：将建立的几何模型根据分析需求划分为若干单元构成的离散体。单元划分越小，数量越多，得出的结果就越接近于结构受力的实际值。但单元的数量越多，会使得计算量越大，计算时间也会越长。因此网格划分时须根据实际分析需要恰当地选择划分数量，这样可以在保证计算结果精确的同时还可以提高软件分析的效率。

(3) 推导单元刚度矩阵：通过单元节点上的位移、力的变化关系，建立数学关系式，得出单元刚度矩阵。遵循相应的原则确保求解过程的收敛性，不规则或较为复杂的单元往往会导致计算精度降低。因此，应当尽可能地使模型标准化、简单化。

(4) 合成整体刚度矩阵：对结构进行整体分析时，将各个单元刚度矩阵依照恰当的法则进行整合，得到整体刚度矩阵，也就是说通过单元节点位移与力的关系构建整体结构位移与力的整体平衡方程。

(5) 联立方程组求解：对方程组进行联立求解。

随着计算机技术的快速发展和普及，有限元方法迅速从结构工程强度分析计算扩展到几乎所有的科学技术领域，为连续介质相关问题的数值解法提供了有力帮助。有限元方法从一开始的解决线性问题发展到解决非线性问题，从变分法有限元扩展到能量平衡法和加权残数法有限元，研究对象从弹性材料扩展到塑性材料、黏弹性材料、黏塑性材料、复合材料等，从平面扩展到空间和板壳，解决的问题从静力平衡扩展到动力、稳定、波动等问题，其应用也逐渐在力学、热学、电磁学等领域扩展开来，涉及结构分析、结构优化、自动化等。

有限元方法主要有以下几个优点。

(1) 基础物理理论清晰，且模型的简化和复杂程度可以自行把控。

(2) 有限元方法在计算过程中具有规范的表达形式，可以输入计算机程序和软件，也可以进行编程或二次开发。

(3) 收敛性能良好，有限元方法基于变分法原理，具有良好的稳定性和收敛性。

(4) 应用广泛，具有良好的适用性，可以灵活地运用到热力学、流体力学、电磁学等领域，并且非均匀材料、复杂边界等困难问题也可良好适用。

6.1.4 数值模拟分析软件

近年来，在计算机技术和数值分析方法支持下发展起来的有限元分析方法则为解决复杂的工程分析计算问题提供了有效的途径。现在使用灵活、价格较低的专用或通用有限元分析软件有很多，但能进行施工过程数值模拟的常用软件有 ABAQUS、ANSYS、MIDAS、SAP2000 和 PKPM 等，下面介绍常见的数值模拟分析软件。

1. ABAQUS

1) 基本概述

ABAQUS 软件是一套功能强大的工程模拟有限元软件，其解决问题的范围从相对简单的线性分析到许多复杂的非线性问题。ABAQUS 软件以其强大的非线性分析功能以及解决复杂和深入的科学问题的能力被科研界广泛应用。它包括一个丰富的、可模拟任意几何形状的单元库，并拥有各种类型的材料库，可以模拟典型工程材料的性能，其中包括金属、橡胶、高分子材料、复合材料、钢筋混凝土、可压缩超弹性泡沫材料以及土壤和岩石等地质材料，作为通用的模拟工具，ABAQUS 除了能解决大量结构问题，还可以模拟其他工程领域的许多问题，如热传导、质量扩散、热电耦合分析、声学分析、岩土力学分析(流体渗透／应力耦合分析)及压电介质分析。

ABAQUS 有类似 CAD 方式的交互式图形环境，使用起来非常简便，对于大部分模型数值模拟，用户只需输入少量数据，如部件几何形状、材料参数、边界条件、荷载等工程数据，对于复杂的非线性问题的计算分析，软件可以自动选择合适的载荷增量、收敛准则等参数值，而且这会在软件分析运算过程中不断被调整，用户可以简单地控制非线性问题的求解并得到准确的分析结果。根据软件前后处理模块可以较为容易地为复杂模型建立有限元模型，而且可以更好地理解有限元方法，结合模型树能快速定位与修改建模过程中输入的工程参数并可以快捷读取 ABAQUS 分析求解的可视化结果。ABAQUS 软件主界面和 ABAQUS 结构分析实例如图 6-2、图 6-3 所示。

图 6-2　ABAQUS 软件主界面

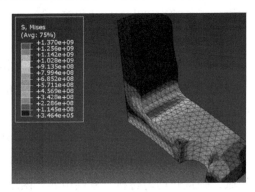

图 6-3　ABAQUS 结构分析实例

2) 原理

ABAQUS 有两个主求解器模块(ABAQUS/Standard(隐式分析模块)和 ABAQUS/Explicit(显示分析模块))，以及两个特殊用途的分析模块(ABAQUS/Aqua(波动载荷模块)和 ABAQUS/USA(水下冲击分析模块))。ABAQUS 有限元分析软件还包含了两个交互作用的图形模块(ABAQUS/Pre(前处理模块)以及 ABAQUS/Post(后处理模块))，以及一个全面支持求解器的图形界面，即人机交互前后处理模块(ABAQUS/CAE)。ABAQUS 对某些特殊问题还提供了专用模块加以解决，ABAQUS/Standard 使各种线性和非线性工程模拟能够有效、精确、可靠地实现。ABAQUS/Explicit 为模拟广泛的动力学问题和准静态问题提供了准确、强大和高效的有限元求解技术。ABAQUS/CAE 能够快速有效地将建模、分析、工作管理以及结果显示于一个一致的、使用方便的环境中，具体模拟流程图如图 6-4 所示。

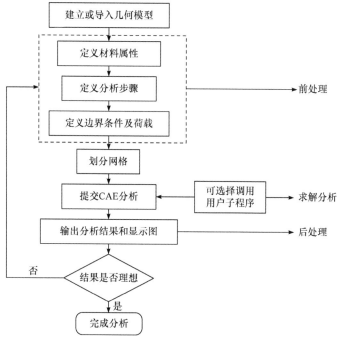

图 6-4　ABAQUS 有限元模拟流程图

3）功能

（1）静态应力/位移分析：包括线性、几何分析或材料非线性、结构断裂分析等。

（2）动态分析：包括频率提取、瞬态响应分析、稳态响应分析、随机响应分析等。

（3）非线性动态应力/位移分析：包括各种随时间变化的大位移分析、接触分析等。

（4）黏弹性/黏塑性响应分析：包括黏弹性/黏塑性材料结构的响应分析。

（5）热传导分析：包括传热、辐射和对流的瞬态或稳态分析。

（6）退火成形过程分析：对材料退火热处理过程的模拟。

（7）瞬态温度/位移耦合分析：力学和热响应耦合问题。

4）特点

（1）ABAQUS 自身除具备较好的建模功能外，还具有良好的人机交互界面、友好的接口，可与其他工程软件互融互接，同步展开工作。模型和载荷管理功能强大，能够给各种工程实例提供更加简单方便的计算方法。

（2）ABAQUS 软件内部设置了许多连接模块，能够较好地对各种工程实例问题进行接触模拟计算。

（3）软件包含多个单元种类，可适用于多种类型的工程模型。

（4）软件接触类型多。

（5）软件包含多种材料类模型，便于展开试验仿真研究，如软件对材料的失效建立的相关准则。

5）应用领域

ABAQUS 是功能最强的非线性分析软件，可应用在以下领域：建筑、勘察、地质、水利、交通、电力、测绘、国土、环境、林业等。

2. ANSYS

1）基本概述

ANSYS 软件是美国 ANSYS 公司研制的大型通用有限元分析软件，能与多数计算机辅助设计（computer aided design，CAD）软件接口，实现数据的共享和交换。ANSYS 软件是融结构、热、流体、电磁、声学于一体的大型通用有限元分析软件，包含了前置处理、解题程序以及后置处理功能。ANSYS 软件进入中国比较早，国内知名度高，应用广泛。ANSYS 公司注重应用领域的拓展与合作，目前已经覆盖核工业、铁道、石油化工、航天航空、机械制造、能源、汽车交通、国防军工、电子、土木工程、生物医学、水利、日用家电等研究领域。该软件提供了不断改进的功能清单，具体包括结构高度非线性分析、电磁分析、计算流体力学分析、设计优化、接触分析、自适应网格划分及利用 ANSYS 参数设计语言扩展宏命令功能。ANSYS 软件主界面和 ANSYS 结构分析实例如图 6-5、图 6-6 所示。

图 6-5　ANSYS 软件主界面　　　　　　　图 6-6　ANSYS 结构分析实例

2）原理

ANSYS 软件的分析模块主要有两部分：常用模块、高级模块。其中常用模块主要有三种：前处理模块（PREP7）提供了一个平台，主要用于材料本构模型的选取、物理模型的建立、有限元模型的创建；求解模块（SOLUTION）主要是对模型添加合适的约束和受力，选择分析类型、对有限元模型进行计算；通用后处理模块（POST1）则是对已数值计算后的结果进行分析。高级模块主要包括优化设计和拓扑优化模块、估计分析模块等。

ANSYS 中涉及多种分析功能，如线性静态分析、声场分析、电压分析、非线性动态分析等。不同的专业领域所使用的模块、所施加的边界条件、荷载、分析选项等也有所不同。ANSYS 分析主要通过建立模型与加载求解得出结果，其中建立模型过程中，首先需要确定材料参数和单元。ANSYS 软件不提供指定单位，只需要输入已换算好的统一单位制数据。若输入的数据参数不规范，会使结果的后处理产生很大困难。对于一些单元类型还需要设置实常数，如弹簧单元的惯性矩、梁单元的单位长度等。其次为实体建模，ANSYS 提供了两种建模方式：①使用高级图元直接建立实体模型；②从简单到复杂依次建模，即点、线、面、体依次定义建模。最后就是网格划分。加载求解则是添加边界、荷载条件，进行模型求解（solve）；查看结果则是对云图结果等进行分析、评价。具体模拟流程图如图 6-7 所示。

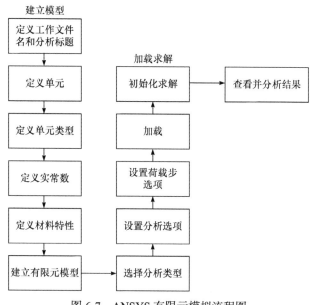

图 6-7 ANSYS 有限元模拟流程图

3）功能

（1）优化设计和拓扑优化：利用零阶和一阶的方法确定最优方案技术，只需要给出材料、模型、荷载、边界条件等参数和优化材料占比，程序就可自行进行优化处理。

（2）生死单元控制：在建立好的模型中加入或者删除材料参数，相对应的单元就会"更新"或者"杀死"。利用这种杀死或重新激活计算单元的方式，在对岩土体隧道和边坡开挖、建筑体施工过程等进行数值模拟时大有作为。

（3）可编程特性：在 ANSYS 新老版本中都允许使用自己的 FORTRAN 语言编写程序，允许用户根据个人需要编写优化的算法，将 ANSYS 程序作为子程序调用。

4) 特点

(1) 数据统一。ANSYS 使用统一的数据库来存储模型数据及求解结果，实现前后处理、分析求解及多场分析的数据统一。

(2) 强大的建模能力。ANSYS 具备三维建模能力，仅靠 ANSYS 的 GUI(图形用户界面)就可建立各种复杂的几何模型。

(3) 强大的求解功能。ANSYS 提供了数种求解器，用户可以根据分析要求选择合适的求解器。

(4) 强大的非线性分析功能。ANSYS 具有强大的非线性分析功能，可进行几何非线性、材料非线性及状态非线性分析。

(5) 智能网格划分功能。ANSYS 具有智能网格划分功能，可根据模型的特点自动生成有限元网格。

(6) 良好的优化功能。

(7) 良好的用户开发环境。

5) 应用领域

ANSYS-DYNA 的应用可分为国防和民用两大类，主要有：汽车、飞机、火车、轮船等运输工具的碰撞分析；金属成形、金属切割；汽车零部件的机械制造；塑料成形、玻璃成形；生物力学；地震工程；消费品、建筑物、高速结构等的安全性分析；点焊、铆焊、螺栓连接；液体-结构相互作用；运输容器设计；爆破工程的设计分析；战斗部结构的设计分析；内弹道发射对结构的动力响应分析；终点弹道的爆炸驱动和破坏效应分析；侵彻过程与爆炸成坑模态分析；军用设备和结构设施受碰撞和爆炸冲击加载的结构动力分析；介质(包括空气、水和地质材料等)爆炸及其对舰船和结构作用的全过程模拟分析；军用新材料(包括炸药、复合材料、特种金属等)的研制和动力特性分析；超高速碰撞模拟分析；战地上有生力量的毁伤效应分析；等等。

3. MIDAS

1) 基本概述

MIDAS 软件是韩国浦项制铁集团公司(POSCO)于 1989 年成立专门机构研制开发的，是 MIDAS Information Technology Co., Ltd.(简称 MIDAS IT，是浦项制铁集团公司成立的第一个"风险企业")的最主要产品，是一种多功能、高精度、易操作的有限元分析与设计软件，它具有安全可靠、性能稳定以及入门快的优点，在一些实际工程案例中应用得越来越多。MIDAS 软件有着极其丰富的岩土材料本构模型，如库仑-摩尔模型、特雷斯卡模型、扩展的库仑-摩尔模型、霍克-布朗模型、非线性弹性模型(邓肯-张)、Jardine 模型等。除自身携带的模型外，也可对其进行二次开发。MIDAS 能够更直观地提供多样化的建模方式、强大的分析功能、卓越的图形处理功能，内部最新的求解器可以获得最快的分析速度。MIDAS 软件主界面和MIDAS结构分析实例如图6-8、图 6-9 所示。

图 6-8 MIDAS 软件主界面

图 6-9 MIDAS 结构分析实例

2）原理

MIDAS 有限元数值模拟软件的模拟计算过程通常包含划分单元格、建立有限元模型、定义工程不同施工阶段和得出模拟分析结果等阶段。在模型建立阶段通常包括工程材料属性定义、建立几何模型、网络单元自动生成及设置工程初始条件等过程。其基本原理是将求解对象假设为无穷多个通过节点连接的单位组成的连续统一体，通过联立弹塑性力学的物理、几何、平衡方程，利用等效变分原理或加权残数法建立矩阵形式的求解未知量的方程组并求解，从而得到待知解。

在操作数值分析软件时或多或少都会出现一些不确定因素而使得模拟过程无法顺利完成，然而 MIDAS 有限元软件具有多样的材料属性和边界条件供人们选择，这样一来会使得施工阶段的模拟更加接近实际工况。MIDAS 有限元模拟流程图如图 6-10 所示。

（1）让计算机处于最佳状态，打开软件，选择二维或三维模型。

（2）通过地勘资料，将施工现场各个土层的土体相关参数输入进去。

（3）输入参数，添加属性完成后，可以在软件界面上直接画出二维几何模型，也可以直接导入已经在CAD 中画好的图形，然后扩展生成三维实体模型。

（4）实体生成之后，就要进行网格的划分，网格的类型有多种，如六面体网格、四面体网格等。六面

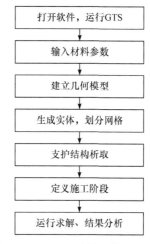

图 6-10 MIDAS 有限元模拟流程图

体网格运行速度快且计算精度高，因此更加受到人们的青睐。

（5）对模型中的一些支护结构，如板或梁单元，使用软件中的析取单元功能从已生成的网格中进行析取生成。

（6）在分析计算之前，设置与该工程实际情况最相符的边界约束条件、荷载的大小以及自重等。

（7）定义施工阶段，添加施工阶段的不同工况，进行"激活"和"钝化"，然后新建分析工况，工况建立完成后，就可以进行分析工况的求解运算。

（8）待计算结果出来后，可以单击后处理模式，计算结果的云图就可以看到。如果想查看结果分布情况和数据的直观性，可以使用等值线等相关功能。

3）功能

（1）静力分析结构。

在不发生振动的状态下的分析称为静力分析，通常认为当结构受到的外部荷载的频率低于其基本周期时，该荷载称为静力荷载。静力分析可分为以下三种类型：线弹性分析、非线性弹性分析及弹塑性分析。

（2）施工阶段分析。

通常岩土施工过程的分析都是施工阶段分析。岩土的初始条件（原场地条件）是指未施工时的现场条件，一般岩土材料的非线性特性可从岩土的初始条件中获得。由于实际施工阶段的复杂性和多变性，在进行施工阶段分析时，一般选取比较重要的施工阶段进行分析。

（3）渗流分析。

渗流分析包括稳定流分析和非稳定流分析。稳定流分析的岩土边界条件不随时间变化，分析范围内的流入量和流出量始终保持不变。而非稳定流分析的岩土边界条件随时间变化，即使边界条件稳定，流入量和流出量也会发生变化。

（4）动力分析。

动力分析包括三种类型：特征值分析、时程分析、反应谱分析。特征值分析即自由振动分析，主要用于分析结构固有的动力特性（包括自振频率和周期、振型等）；时程分析是指计算结构在地震作用下的动力特性和在任意时刻结构响应的过程；反应谱分析是把多自由度系统假设为单自由度系统的复合体的分析方法，其分析过程是首先要求出每个振型对应的最大反应值，其次要用适当的组合方法，预测最大反应值。

4）特点

（1）MIDAS 可以对复杂的几何模型进行可视化的实体建模：中文化的操作界面使操作方便，学起来容易上手，不仅建模迅速，而且建模直观，并且能够自动划分网格；

能够用 TGM 模拟真实的地形；拥有隧道建模助手，能够快速生成隧道模型。

(2)前后处理的功能很强大：MIDAS 能够很方便地生成管片，只需通过析取功能就能实现，还能通过"激活"和"钝化"来模拟施工步骤，能够通过自动地找寻最近的节点，使锚杆进行接触。

(3)分析功能强大和材料的本构模型众多：MIDAS 基本上涵盖了岩土方面所有的分析计算功能，包括非线性弹塑性分析、施工阶段分析、动力分析等，而且还提供了12 种材料的本构模型，针对许多不同的岩体土体，可以准确模拟其应力-应变关系。

(4)图形的处理功能很强大：可以根据用户的需要显示各种图形，如等值面图、曲线图等，还可以显示动画和时程结果。

(5)具有分析规模大、分析速度快的特点：MIDAS 最多能分析 2000000 个单元，分析速度比同类软件快 3～5 倍。

(6)自动生成计算书。

5)应用领域

MIDAS 具有很强的设计功能和广泛的适用领域，适用于桥梁、水池、大坝、隧道、各种楼房、陆地及海上工业建筑、体育场馆、飞机库、输电塔、压力容器等普通及特殊结构的分析与设计。

4. SAP2000

1)基本概述

SAP2000 软件是由美国 Computer and Structures Inc.（CSI）开发研制的，是一种通用结构有限元分析与设计软件，主要解决结构线性和非线性问题。随着逐渐发展完善，SAP2000 软件可以将建模、分析、设计与优化系统全部集成在一起。SAP2000采用了基于对象的非线性有限元技术，成为集成化的结构工程软件，重新定义了有限元技术的发展水平，可以模拟能量耗散装置、管道系统、逐步倒塌、材料非线性等一系列特性。SAP2000 的桥梁模板可以建立各种桥梁模型，自动进行桥梁活荷载布置，进行桥梁基础隔震和桥梁施工顺序分析，进行大变形悬索桥分析和静力非线性 Pushover 分析。SAP2000 软件主界面和 SAP2000 结构分析实例如图 6-11、图 6-12所示。

2)原理

在 SAP2000 中完成一个完整的分析过程主要包含模型建立、模型分析、模型设计三个步骤。以上步骤通常是一个反复迭代的过程，在实际分析过程中可能包含上述步骤的一次或多次循环。在 SAP2000 中所有的步骤均可以实现无缝执行，具体模拟流程图如图 6-13 所示。

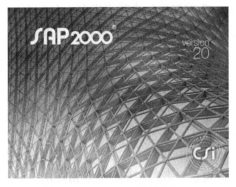

图 6-11　SAP2000 软件主界面

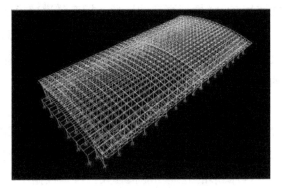

图 6-12　SAP2000 结构分析实例

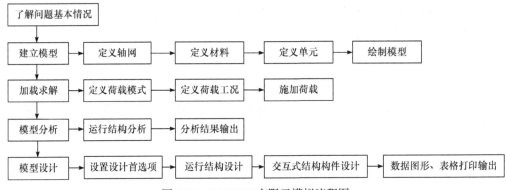

图 6-13　SAP2000 有限元模拟流程图

（1）模型建立。

在建立模型的过程中，首先对模型进行初始化，设置单位制，设置轴网，然后在该文件下定义建立模型所需要的材料属性，根据需要选择定义框架截面、面截面或者实体截面，并进行质量源的定义。分别定义静力荷载工况，动力、非线性工况，荷载工况是指指定到结构上的分布力、温度、位移等其他作用。对于荷载工况的数量没有限制要求，常见的荷载工况有恒荷载、活荷载工况，风荷载、雪荷载工况，地震作用荷载工况等，各工况间是相互独立的。

（2）模型分析。

分析运行完成各种工况后，用户可进行结果的输出，包括屏幕图像输出、屏幕表格文件输出和文档输出等方法，查看模型的内力变形情况和应力/应变等信息。

（3）模型设计。

有分析结果后进行交互式设计、检查，完成后便可对模型的数据图形等设计信息进行查看，打印输出。

3）功能

SAP2000 适用于桥梁、工业建筑、输电塔、设备基础、电力设施、缆索结构、运动设施、演出场所和其他一些特殊结构的分析与设计。SAP2000 强大的分析功能包括：静力线性分析、模态分析、反应谱分析、多步静力分析、静力非线性分析、动力线性和非线性时程分析、稳态分析、顺序施工分析、混凝土徐变与收缩分析、冲击分析、多基激励分析、基础隔震与阻尼器分析、大位移分析、土壤结构相互作用分析、屈曲分析、频域分析等，几乎覆盖结构工程中的所有计算分析问题。先进的分析技术可以用于逐步大变形分析，$P\text{-}\varDelta$ 分析，特征向量和向量分析，索分析，爆炸分析，阻尼器、基础隔震和支座塑性的快速非线性分析等。

从最广泛的意义上，分析功能划分为两个类型：线性分析和非线性分析，这主要依赖于结构对荷载的响应方式。

线性分析的结果可以进行叠加，即可以在分析之后相加。线性分析的类型有以下几种。

(1)静力分析：属于常见的分析类型，其中荷载的施加并不包括动力效应。

(2)模态分析：用特征值法或 Ritz 向量法计算建筑结构的动力模态。

(3)反应谱分析：用静力方法计算由结构加速度荷载引起的响应，需要添加反应谱函数。

(4)时程分析：用来施加随着时间而变化的荷载，如地震作用。

(5)屈曲分析：在荷载作用下进行结构屈曲形态的计算。

(6)超静定分析：进行由预应力和其他自平衡荷载产生的二次力的计算。

(7)移动荷载分析：进行结构体系上车辆荷载沿车道移动的最不利响应计算。

(8)稳态分析：在一个或多个变化的频率上施加简谐变化的荷载，需要添加稳态函数。

(9)功率谱密度分析：按照结构荷载在结构体系频率范围内的概率分布而施加简谐变化的荷载，用来确定期望的响应值。

非线性分析的结果一般不能进行叠加。所有共同作用于结构上的荷载应该直接在分析工况中进行相应的组合。非线性分析工况可以连接起来以实现复杂的加载次序。非线性分析的类型有以下几种。

(1)静力非线性分析：荷载的施加过程没有动力效应。可以用来进行 Pushover 分析。

(2)非线性阶段施工分析：施加不考虑动力效应的荷载，同时将添加或移除结构的一部分。可以包括时间效应，如徐变、收缩和龄期。

4)特点

(1)具有集成化的环境。SAP2000 所提供给工程师的是一个集成化视图环境，这个视图环境可以设置所要展示的视图数目及布局，建模、修改、分析、设计优化、显示结果均可在一个图形界面上进行。

(2) SAP2000 软件具有更强的针对性。ETABS 虽然也适合建筑结构分析,但是在涉及抗震等领域时,SAP2000 研究得更深入,其内置模块更全面。

(3) SAP2000 软件提供了强大的分析功能,如模态分析、反应谱分析、Pushover 分析等。为了更加接近于结构受力后的实际情况,还有动力响应分析、线性时程分析、非线性时程分析,相对其他分析软件而言,更加适合于结构抗震性能的分析研究。

(4) 反应谱法分析振型组合中,SAP2000 提供了 CQC 法、SRSS 法、GMC 法、ABS 法等多种组合方法,并且这些方法全部能够适合我国新规范规定的考虑结构耦合效应的情况。

(5) 具有一体化的设计功能,可以完成各种结构体系的设计,全面输出结构体系分析和设计以及整体与构件设计的详细信息。

5) 应用领域

SAP2000 是通用的结构分析软件,它的适用范围很广,主要用于模型比较复杂的结构,如桥梁、体育场、大坝、海上作业平台、发电站、输电塔、网架等结构形式,另外,有时候也用来建模和分析高层民用建筑。在我国,SAP2000 在很多高校和工程界也得到了广泛的应用,特别是航空航天、机械制造、土木工程、兵器、船舶工业以及石油化工等领域的很多部门都在大量使用该软件。

5. PKPM

1) 基本概述

PKPM 系列软件由中国建筑科学研究院有限公司研究开发,是集结构设计计算、基础设计计算、施工图绘制等于一体的结构设计类软件。该软件依据多种国家相关标准和规范开发,能够在设计过程中自动检验相关参数是否符合标准,能够输出计算结果并对计算结果进行说明。PKPM 计算机软件依靠其 CAD 部分可满足建筑领域、结构设计甚至机械设备等各种专业的技术要求,同时还可以进行较为准确的钢筋和工程量的计算部分、工程计价部分、投标规划、工程安全度的预测以及部分施工技术的运用,既能解决结构的设计和概预算问题,又能满足企业的施工管理和信息化需求。PKPM 系列依据不同的工程特性划分为若干个不同的模块,例如,在结构设计中划分为多层、高层、工业厂房、复杂空间结构、上部结构、基础等模块,并向集成化和初级智能化方向发展。PKPM 软件主要分为结构、建筑、钢结构、特种结构、砌体结构、鉴定加固、设备 7 大部分,每部分又分为若干模块。PKPM 软件主界面和 PKPM 软件模块总览图如图 6-14、图 6-15 所示。

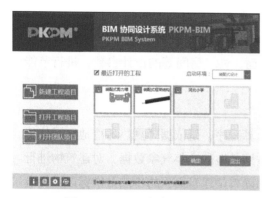

图 6-14　PKPM 软件主界面　　　　　　图 6-15　PKPM 软件模块总览图

2）原理

PKPM 建筑节能设计分析软件准确地反映了建筑各围护结构的热工特性，提供了方便灵活的数据输入方式。在此基础上，通过输入不同围护结构及其参数、能耗分析，能快速、方便、准确地比较节能效果，给出建筑是否满足节能设计标准的结论和相关的详细计算说明书。另外，PKPM 与 AutoCAD 具备良好的兼容效果，一般是在 PKPM 软件页面上读取 AutoCAD 图纸建模，也可直接在 PKPM 软件页面上新建工程模型，然后进行相关的计算，套用PKPM软件中相应的计算报告书模板得到一系列的计算数据。利用 PKPM 建筑节能设计分析软件可以帮助用户动态模拟相关参数，协助用户选择满足节能设计标准的节能材料与构造做法，具体计算流程图如图 6-16 所示。

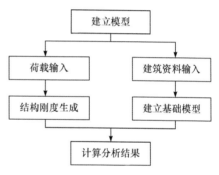

图 6-16　PKPM 计算流程图

3）功能

（1）建筑模型的建立（提取）。

PKPM 可以直接从 DWG 格式文件中提取出建筑模型并进行相关节能设计。以此可以最大限度地减少工作量，还可以避免二次建模的工作，直接在方案设计、扩大初步设计和施工图设计等不同设计阶段进行节能设计，非常方便。

可以使用建模软件进行建模。CHEC 软件中提供了自带的建模工具，可以快速地完成建筑模型的建立，提高工作效率。

人们还可以直接利用 PKPM 系列软件中的 PMCAD 建模数据。如果有了 PMCAD 建模数据，下一步的相关节能设计工作就更加简单和方便了。

（2）建筑节能设计计算。

PKPM 提供了大量不同的保温体系的墙体、屋面和楼板类型，用户可以方便地查询到各种保温体系的适用范围和特点，帮助设计师完成所有相关的热工计算。

另外，PKPM 还可以自动计算建筑物的体形系数以及窗墙比等参数，直接读取建筑师在建筑设计中设置的各种门、窗、墙、屋面、柱、房间等的设计参数，进行节能设计并且根据相关标准规范进行自动校核验算。

(3)动态能耗分析计算。

PKPM 中 CHEC 所采用的动态能耗分析计算程序，是依据《夏热冬冷地区居住建筑节能设计标准》(JGJ 134—2010)的规定，按照各地的全年气象数据，对建筑物进行全年 8760h 的逐时能耗分析计算出的，可以明确单位建筑面积的冷热量指标以及耗电量指标，并自动进行判断比较。

(4)建筑节能方面的经济性指标校核计算。

① 辅助设计方和甲方对保温系统进行比较选择。

② 如果不同方案的保温效果相同，还可以对这些系统在工程造价上进行分析比较。

③ 对于非节能的以及节能的系统，也可以进行工程造价上的比较。

(5)节能设计的计算说明书。

CHEC 软件(PKPM 的一部分)能够生成并输出满足设计以及审图要求的文件。

4)特点

(1)简单。

PKPM 对建筑师没有必须掌握热力学原理的要求，建筑师只要通过按键就可以快速方便地得到相应的帮助。而计算出的结果也会以不同的颜色直观地显示在设计图纸上。

(2)人性化。

PKPM 可以避免形成一个相对单纯的计算程序，在设计过程中，它可以随时帮助检验设计是否符合规范标准，如建筑的窗墙比、围护结构的传热系数。另外，各种需要的数据都可以自动读取，生成的计算结果也可直接输出，并形成相关的帮助说明。可以克服相对单纯的计算软件容易产生的设计过程及计算过程不能很好结合的缺陷。

(3)智能。

如果遇到在设计过程中，缺少了必要的参数这样的情况，PKPM 会自动以缺省的参数作为第一选择，并且进行相应的记录，以便建筑师之后进行修改和设定。这样既保持了设计的连贯性，也给设计者的再次修改带来了便利。

(4)各个模块实现数据共享。

在国内，PKPM 计算软件已经在建筑、结构、设备和节能设计等方面实现了数据共享。这种公用数据库首先在建筑方面开始应用，随后在结构设计、设备设计和分析计算工程量等几种模块中也纷纷效仿和应用。

(5)满足多人共同参与。

PKPM 设计软件实现了网络版本，可以满足多人的同时设计计算，满足参数条件统一化、数据交换无障碍化，满足团队合作和效率运行。

6.2　健康监测技术

为了保障工程结构的安全，需要对结构进行健康监测，及时发现潜在的安全隐患和结构损伤。如果潜在的结构损伤未被及时发现，它可能会在结构内部传播，影响结构的正常使用，甚至导致灾难性的结构失效。

在土木工程再生过程中，需要首先对结构进行安全检测鉴定，判断结构的安全等级，继而提出相契合的再生方案，在再生过程中对结构的健康监测可以及时分析结构的安全状态，确保再生施工的安全性。

6.2.1　传统安全检测技术

结构检测的一般内容有：结构在正常工作荷载及风荷载作用下的结构响应和力学状态；结构在突发事件(如地震等严重事故)之后的损伤情况；结构构件的耐久性，主要是提供构件疲劳状况的真实情况；结构整体的变形情况，如沉降、位移、倾斜等；结构所处的环境条件，如温度、湿度、地面运动等。

土木工程安全检测的目的是为结构可靠性评定和加固改造提供依据，或者对施工质量进行检验评定，为工程验收提供资料。根据检测对象的不同，检测的范围可分为两种：一种是对建(构)筑物整体、全面的检测，对其安全性、适用性和耐久性做出全面的评定，如建(构)筑物需要加层、扩建；建(构)筑物的使用要求改变，需要局部改造；建(构)筑物发生了地基不均匀沉降，引起上部结构多处裂缝、过大的倾斜变形；建(构)筑物需要纠倾；由于规划或使用要求，建(构)筑物需移位，适用于烂尾楼搁置若干年后要重新启动，以及地震、火灾、爆炸或水灾等发生后对建(构)筑物损坏的调查等。另一种是专项检测，如建(构)筑物局部改造或施工时对某项指标有怀疑等，一般只需检测有关构件，检测内容也可以是专项的，如只检测混凝土强度或检测构件的裂缝情况。

按结构用途不同，安全检测有民用建筑结构检测、工业建筑结构检测、桥梁结构检测等。

按结构类型及材料不同，安全检测有木结构检测、砌体结构检测、混凝土结构检测、钢结构检测等。

按分部工程来分，安全检测有地基工程检测、基础工程检测、主体工程检测、围护结构检测、粉刷工程检测、装修工程检测、防水工程检测、保温工程检测等。

在土木工程建(构)筑物安全检测中,根据结构类型和鉴定的需要,常见的检测和调查内容如图 6-17 所示。

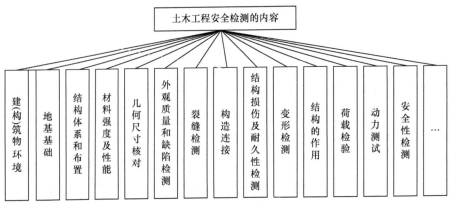

图 6-17　土木工程安全检测的内容

1. 木结构

木结构检测包括木结构外观检测和木材性能检测等内容,见表 6-1。木结构外观检测包括木材的腐朽程度、木结构连接、木结构变形等。木材性能检测的主要指标包括含水率、密度、强度、干缩、湿胀等。

表 6-1　木结构的检测内容

序号	检测内容	检测方法/技术	检测数据
1	腐朽程度	目测、小刀	细菌感染程度
2	木结构连接	目测、小锤	连接牢靠度
3	木结构变形	水准仪	侧弯变形、起拱值
4	木材性能检测	强度试验、含水率试验	含水率、密度、抗弯强度、顺纹抗压强度、顺纹抗拉强度、顺纹抗剪强度

2. 砌体结构

砌体结构的检测内容主要有砌体强度、砂浆强度、砌体裂缝和砌筑施工质量等,见表 6-2。

表 6-2　砌体结构的检测内容

序号	检测内容	检测方法/技术	检测数据
1	砌体强度	回弹法、原位轴压法、扁顶法、原位单剪法、原位单砖双剪法	抗压强度值、抗剪强度值
2	砂浆强度	推出法、筒压法、砂浆片剪切法、回弹法、点荷法、射钉法	强度值

续表

序号	检测内容	检测方法/技术	检测数据
3	砌体裂缝	裂纹放大镜、刻度放大镜	裂缝走向、深度、宽度
4	砌筑施工质量	观察法	砂浆饱满程度、灰缝厚度、截面尺寸等

3. 混凝土结构

混凝土结构的检测内容很广，凡是影响结构安全性的因素都可以成为其检测的内容，具体现场检测的主要内容见表 6-3。

表 6-3　混凝土结构的检测内容

序号	检测内容	检测方法/技术	检测数据
1	碳化检测	酚酞试剂	碳化深度
2	强度检测	回弹法、钻芯法	强度值
3	内外部缺陷检测	混凝土雷达仪、超声波检测仪	—
4	裂缝检测	裂缝观测仪	裂缝宽度、深度、走向等
5	钢筋位置及保护层厚度检测	钢筋测定仪	钢筋位置、混凝土厚度
6	钢筋力学性能检测	半破损法	屈服强度、抗拉强度和伸长率

4. 钢结构

钢结构各构件或某一构件各零件、配件之间的连接至关重要，连接的破坏会导致构件破坏甚至整个结构的破坏。因此，局部应力、次应力、几何偏差、裂缝、腐蚀、振动、撞击效应等对钢结构的强度、稳定、连接及疲劳的影响不可忽视。由于钢结构的最大缺点是易于锈蚀，耐火性差，在钢结构工程中应重视涂装工程的质量检测。钢结构工程中主要的检测内容见表 6-4。

表 6-4　钢结构的检测内容

序号	检测内容	检测方法/技术	检测数据
1	构件尺寸及平整度检测	超声波测厚仪和游标卡尺	尺寸及平整度
2	表面缺陷检测	超声波法、射线法及磁力法	构件缺陷外形
3	连接(焊接、螺栓连接)检测	焊缝检验尺、超声波探伤仪、渗透探伤	截面尺寸、焊缝缺陷
4	钢材锈蚀检测	测厚仪	锈蚀程度
5	防火涂层厚度检测	测针	厚度
6	钢材强度检测	表面硬度法	钢材强度

6.2.2 专项安全检测技术

1. 超声波检测的理论基础

超声波检测是通过超声波脉冲在物体内部传播时，声波在通过物体内部不同界面时表现出的反射、绕射和衰减等物理特性，测定物体内部缺陷的一种无损检测方法。

采用超声波检测混凝土不密实区或空洞时主要采用穿透法，当超声波穿过缺陷区时，超声波的振幅和声速会发生衰减，同时由于被测物体内部结构的不均匀性，从而声波的传播路径复杂化，使波形发生畸变。因此当超声波穿过缺陷区时，其声速、振幅、波形和幅度等参数都会发生变化。

混凝土超声波检测中常用的参数主要是声时(传播时间)或声速、幅度、振幅(衰减)以及波形。超声波声时是混凝土超声波检测中最基本的参数，通过声时、测距可以计算被测混凝土的声速，通常认为混凝土的声速与其弹性模量、泊松比等相关，因而混凝土的声速大小可以反映其密实度、强度等质量状况。只有准确测量超声波声时值，才能准确判断被测混凝土的内部状况。

采用超声波检测混凝土缺陷时，一般是根据构件或结构的几何形状、尺寸大小、所处环境及其所能提供的测试表面等操作条件，选用相应的检测方法。常用的方法有以下几种，详细内容见表6-5。

表 6-5　超声波检测方法

检测方法	所用仪器	具体方法	使用条件	备注
平面检测	厚度振动式换能器	对测法	当被测部位能提供两对或一对相互平行的测试表面时	检测一般混凝土柱、梁等构件或钢管混凝土的内部密实情况及混凝土的匀质性
		斜测法	当被测部位只能提供两个相对或相邻测试表面时	检测混凝土梁、柱的施工接槎，修补加固混凝土的结合质量，检测混凝土梁、柱的裂缝深度
钻孔或预埋管检测	径向振动式换能器	孔(管)中对测	应用于一些大体积混凝土结构或灌注桩	检测混凝土坝体、承台、筏板、大型设备基础的密实情况和裂缝深度以及灌注桩的完整性
		孔(管)中斜测	当两个测孔之间存在薄层扁平缺陷或水平裂缝时	—
		孔(管)中平测	为了进一步查明某一钻孔壁周围的缺陷位置和范围时	较少采用
混合检测	平面换能器和径向式换能器	—	当混凝土结构具有一对或两对相互平行的测试表面，为了提高测试灵敏度，必须缩短测试距离时	较少采用

2. 射线检测

射线检测是利用射线透过物体时产生的吸收和散射现象，检测材料中因存在缺陷而引起射线强度的改变来探测缺陷的无损检测方法。射线检测的方法有照相法、显示屏法、工业电视法等。射线检测常用的射线有 X 射线、γ 射线和中子射线，X 射线、γ 射线是电磁波，中子射线则是一种粒子流。

射线检测可以检测金属和非金属材料，对焊缝、铸件内的缺陷探测尤其有效。锻件缺陷通常是面状缺陷，且多与上下表面平行，射线无法检测。

焊缝和铸件内的常见缺陷有裂纹、气孔、未焊透、未熔合、夹渣、疏松、冷隔等，可用射线进行检测。

3. 涡流检测

涡流检测是通过电磁感应在导电材料表面附近产生涡流进行检测的方法。如果导电材料中存在裂纹等缺陷，将改变涡流的大小和分布，分析这些变化可检测出导电材料中的缺陷(图 6-18)。

涡流检测方法适用于导电材料表面或近表面缺陷的检测。常用的涡流检测探头有穿过式、内通过式和点式三种。

涡流检测除用于检测缺陷外，也可用以分选材质、测膜层厚度、测工件尺寸以及测试材料的某些物理性能等。

涡流检测的优点是有很高的检测灵敏度，检测速度快，可检测导电材料的表面或近表面缺陷，易于实现自动化检测。缺点是只适用于导电材料，不适用于材料深层的内部缺陷，对检测面要求高，缺陷显示不直观。

图 6-18 涡流检测设备图

4. 渗透检测

渗透检测(penetrate testing, PT)是通过彩色(红色)或荧光渗透剂在毛细管作用下渗入表面开口缺陷，然后被白色显像剂吸附而显示红色(或在紫外灯照射下显示黄绿色荧光)缺陷痕迹的方法，如图 6-19 所示。

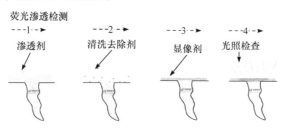

图 6-19 渗透检测原理图

渗透检测的优点是有高的检测灵敏度，缺陷显示直观，对材料适用性强，操作简单，费用低；缺点是只能检测表面开口的缺陷，难以确定缺陷的自身高度，不适用于检查多孔性或疏松材料，检测结果受操作者的影响大，检测速度相对较慢。

5. 压电智能传感检测

全站仪即全站型电子测距仪，该仪器将光、机、电技术结合起来，可用于测量目标的水平角、垂直角、距离（斜距、平距）、高差等，功能极其强大且全面，之所以称为全站仪，是因为只需一次安置仪器即可完成该测站上的全部测量工作。该仪器广泛应用于地上大型建筑结构和地下隧道等各种精密工程测量或变形监测领域中。利用全站仪对超高层建筑进行位移监测时，一般是将棱镜安装在建筑物上，全站仪在离建筑物高度 1～2 倍距离的位置进行放置。观测的时候，只需要瞄准目标，仪器便可以自动跟踪反光镜的位置。该法一般应用于高度较低的建筑物中，对于高层建筑物，在大雨等恶劣气候条件下，激光跟踪目标变得困难，同时各个测点不同步，同时它的实时性较差。

三维变形检测的基础原理是利用全站仪获得目标点的水平角度、水平距离和高程特性。全站仪设站一般有两种方法：第一种是将全站仪设置在控制点上，通过录入一个后视控制点进行设站定向；另一种是自由设站法，即全站仪自由设站，监测点的坐标可依据两者所测得的水平角度、水平位移和高差得出。对于一些精度要求较高的变形监测工程和项目，首先按照规范要求埋设相应的标识和标志，对于工程测量的控制点，应在稳定且易于保护的位置进行设置。

6.2.3　结构健康监测

1. 健康监测的内容

结构健康监测技术被国内外普遍认为是提高土建交通工程结构健康安全性及实现其可持续性管理的最有效的途径之一。它利用各类先进的传感技术对土木工程结构进行监测和测试，通过各类信号处理技术实现结构参数识别和性能评估，因此，它一方面能够实时监测结构服役过程中的突发事故并及时发现结构的早期损伤以保障结构安全，另一方面能够通过长期监测发现结构长生命周期内的性能退化现象并预测结构未来的性能劣化趋势，从而有助于实现结构预防性养护成本的最优化控制。

施工监测是指通过监测技术对施工过程的主要结构参数进行实时跟踪，掌握其时空变化曲线，以便掌握控制施工质量、影响施工安全的关键因素在施工过程中的发展变化状态，并对下一步施工方案进行预判和调整，保证整个施工过程的顺利完成。

结构健康监测系统就是实现结构健康监测的完整平台，它既包括大量不同类型的传感器、信息采集与预处理系统、数据链路以及高性能计算机这样的硬件设备，也包括力学结构分析、应力损伤识别的算法与程序，系统监测平台，以及网络这样的软件。通过结构健康监测系统的运行，可以实时监测结构的整体行为，对结构的损伤位置和程度进行诊断，对结构的服役情况、可靠性、耐久性和承载能力进行智能评估，可使结构在突发事件(如强震、飓风或其他严重事故等)中或结构状况严重异常时能够触发预警信号，为结构的维修、养护与管理决策提供指导依据。

2. 健康监测的常用技术

1)智能传感技术

传感系统是实现结构健康监测的前提条件，传感数据质量的好坏直接决定了结构参数识别效果的优劣。传感器需要具备能够高精度地感知外部输入作用下结构待测物理量变化的能力，通过转换元件能够迅速将加速度、位移、应变等待测物理量转化成采集信号进行输出。理想传感器应具备不受外界环境因素干扰的能力。随着新材料的出现以及力学与信息等学科的发展，越来越多的先进新型传感器出现在土木工程健康监测领域，如光纤传感技术、智能化无线传感技术以及微波雷达技术，见表 6-6。

表 6-6　智能传感技术分类方法

分类方法	传感器的种类	说明
按物理量值分类	位移传感器、速度传感器、温度传感器、压力传感器等	传感器以待测物理量命名
按工作原理分类	应变式、电容式、电感式、压电式、热电式、光栅式等	传感器以工作原理命名
按物理现象分类	结构型传感器	依赖其结构参数的变化实现信息转化
	物性型传感器	依赖其敏感元件物理特性的变化实现信息转化
按能量关系分类	能量转换型传感器	传感器直接将被测量的能量转换为输出的能量
	能量控制型传感器	由外部供给传感器能量，而由被测量来控制输出的能量
按输出信号分类	模拟传感器、数字传感器	模拟传感器的输出为模拟量，数字传感器的输出为数字量

2)光纤智能监测

光纤结构通常由四部分组成：纤芯、包层、涂覆层、护套，是一种由多层介质结构组成的细长、对称的圆柱体。纤芯是位于光纤结构中心部位的核心功能结构，其主要功能是在外层其他结构层的保护下低损耗、小失真地传输光信号而不受到外界其他信号的干扰。纤芯外层是由石英材料做成的包层，可以将纤芯中传输的光信号密封在纤芯内，使光信号不外漏。在包层外通常设置一定厚度的树脂涂层(即涂覆层)，可以延长光纤的使用寿命，提高其强度。最外层是一层由特殊材料制成的护套，可以进一步避免光纤在安装过程中由于弯折等而断裂。常用的光纤有 0.9mm 的光纤、2mm 的光纤，还有 5mm 的光纤。在光纤材料的布设过程中少不了用专用的高精度光纤熔接器进行光纤间的熔接，在熔接过程中首先需要用专用的光纤钳分别剥离最外层的护套和树脂涂层，然后再进行熔接。

分布式光纤传感器主要由光源、传输光信号的光纤、敏感元件、光探测器和信号处理系统等组成。其工作原理是：由光源发射出的光信号在光纤中传输，当光纤上的敏感元件受到被测参量(应变、加速度、温度、压力、压强等)的作用时会改变光波自身的属性(波长、振幅、相位、偏振态、强度等)。接收端会接收到被解调后的光波，由光探测器将解调后的光信号解调为模拟的电子信号，通过处理接收到的电子信号来获得被测参量的数字信息。

光纤传感技术有准分布式和全分布式两类：准分布式光纤传感技术是基于光纤布拉格光栅技术的光纤传感技术；全分布式光纤传感技术基于的是光散射原理。光纤光栅传感器是一种将通信用光纤的一部分经过特殊加工制成的，折射率大且呈周期性变化的波长调制型传感器。当光照射进布拉格光栅后，除具有特定波长的光在布拉格光栅栅区处反射再沿照射进来的方向返回进而被调制解调仪识别外，其余不受损耗的部分全部通过。

3)GPS 监测技术

GPS 监测技术是采用载波相位双差数学模型解决 GPS 测量过程中卫星及接收机的时钟误差、卫星轨道和大气误差等对监测目标的检测结果产生的影响的一门技术。

GPS 相对定位的原理就是，用一定数量的 GPS 接收机，进行 GPS 卫星信号的追踪和捕获，通过对载波相位观测的数值进行求差，获得各个观测站之间的基线向量，最终对其他各个观测点的坐标进行计算。该方法的优势在于可以消除和削弱部分误差，故应用 GPS 监测技术获得了相对精度很高的位置信息。

6.2.4　健康监测系统

结构健康监测是通过对工程结构状况的监控，获取数据并进行损伤诊断系统的诊断算法评估，对结构在特殊条件下的异常状况进行安全评定，发出预警信号，为结构的维护、维修、管理及决策提供依据和指导。从系统构成看，结构健康监测系统主要由硬件系统和软件系统组成，具体由传感器子系统、数据采集系统、数据管理系统、数据解析和诊断系统、预警系统等组成。

1. 传感器子系统

传感器子系统主要包括各智能传感元件，用于感知各种环境或监测对象的信息。

根据不同的监测需要主要有应变片、位移传感器、加速度传感器、速度传感器、倾角仪、风速风向仪、温度传感器、动态地秤、强震仪、摄像机和各种各样的光纤传感器等。传感器网络中的智能传感器在感知对象物理量的同时将物理量变化为标准的电信号，有的甚至进一步将标准的电信号变换为计算机可以直接接收的数字量，但是有的传感器仅仅能感知物理量的变化，还需要增加类似变送器之类的器件将传感器的感知量变换为标准电信号。

2. 数据采集系统

数据采集系统主要实现对传感器网络数据的收集和对收集数据进行信号处理，通过传感器将非电量转换成电信号输出，然后通过调理通道完成模拟信号的衰减、放大、隔离、滤波、传感器激励和线性化等功能，利用转换器将模拟量转换成数字量，利用采样保持器保证转换过程中信号的稳定，最后利用单片机进行数据采集。

3. 数据管理系统

数据管理系统主要实现对传感器网络采集的数据、经数字信号处理后的数据、后续分析数据进行存储管理，还可以实现对用于结构可视化的相关结构模型信息、用于损伤识别和状态评估的算法与专家数据库信息的管理及用户权限管理。

4. 数据解析和诊断系统

数据解析和诊断系统通过计算机模拟仿真计算，结合有限元模型分析，识别出结构系统参数、动态特性参数，即系统特征识别，根据识别的参数修正系统模型。并通过一定的损伤识别方法和技术，对已经过数据处理的信息进行处理，与结构系统特征相联合，应用各种有效的方法识别结构的损伤状况，从而识别损伤位置、损伤程度和损伤类型。

5. 预警系统

预警系统将上述损伤识别的结果和具体工程结构的专家经验数据库相结合，对结构的健康状况进行评估，如分析结构的工作状态、预测结构的使用寿命、评估结果的可靠性，对已有损伤状况提出合适的健康维护策略。

6.3 风险预控技术

6.3.1 危险源管理

相关标准中对危险源的定义是：可能导致伤害或疾病、财产损失、工作环境破坏或这些情况组合的根源或状态。通常，具有潜在危险性的物质与能量，并可能对人身、财产、环境造成危害的设备、设施或场所即我们通指的危险源。若从能量释放的角度分析，危险源可理解为系统存在的可能发生意外能量释放的危险物质。

根据危险源的定义可知，危险源是导致事故的起因。在事故理论中，事故形成必须具备三个条件：有遭受破坏的对象——承受因素；有引起破坏的能力——破坏因素；两者相距很近，能相互影响。

6.3.2　风险识别

1．风险识别内涵

风险识别是指在风险事故发生之前，人们运用各种方法系统地、连续地认识所面临的各种风险以及分析风险事故发生的潜在原因。风险识别过程包含感知风险和分析风险两个环节。

感知风险：了解客观存在的各种风险，是风险识别的基础，只有通过感知风险，才能进一步在此基础上进行分析，寻找导致事故发生的条件因素，为拟定事故处理方案，进行风险管理决策服务。

分析风险：分析引起事故的各种风险因素，它是风险识别的关键。

2．风险识别流程

针对土木工程施工过程进行风险识别时，要遵循科学的风险识别程序。为了全面地辨识项目风险，需要通过收集大量的项目相关信息、资料和数据，对所有相关情况进行深入的了解，以保证辨识出的风险的完整性；研究、分析所收集的资料，确定拟建项目自身的风险事件及其可能导致的后果，确定风险事件及其后果后，应进一步分析这些风险因素的不确定性，将其进行归纳和分类；编制有针对性的风险清单，作为风险识别的成果。具体的风险识别流程如图 6-20 所示。

3．风险识别方法

一般来说，要采取措施控制风险，就必须先对风险进行识别。风险识别是系统安全评价的基础，是控制系统风险的基础性工作。现如今，学术界有许多关于系统风险识别的理论。一般来说，每种方法都有各自的

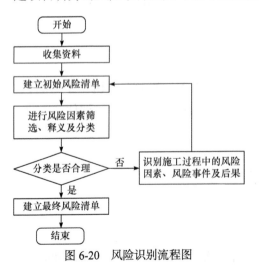

图 6-20　风险识别流程图

适用对象。因此，在风险识别之前，要筛选出合理的风险识别方法。

要在风险识别工作中正确分析出足够安全的信息，就必须经过认真的总结和分析。因而在施工现场，要采用一些有理有据的识别方法。传统的风险识别方法有层次分析法、分解分析法、模糊综合评价法等，具体的识别方法见表6-7。

表 6-7　常见的风险识别方法

类别	识别方法的内涵	优点	缺点
层次分析法（AHP）	将与决策相关的各因素按照目标、准则、方案等层次由高到低有序排序，并根据各元素的重要性进行排序，确定评价结果	能够全面直观地展现风险，决策过程中仅需要较少的信息支撑	指标基数庞大时定性分析工作量大，权重也不好确定
分解分析法	将复杂事物分解成易识别、相对简单的事物，将大系统拆成多个小系统，从而更有效地识别出可能的影响因子	识别过程可用现有方式，工作量不增加	大规模工程分解工作难度大，工作量增大
检查表法	在对项目展开系统讨论和分析的基础上，将可能的影响因素汇总罗列在清单之内	系统化、科学化，操作相对简单，容易掌握	容易出现疏漏
模糊综合评价法	基于模糊数学隶属度理论，将不确定因素进行定量化处理，运用传统数学方法进行分析并得到准确评价结果	模型简单、易于掌握	复杂体系的计算更复杂，人为处理工作量变大
专家调查法	是针对专家进行问卷调查并分析最终结果，进而给予科学评价的方法	操作性强，适用于没有数据支撑的项目	主观性较强
德尔菲法	通过多次发函征询专家意见，并将专家意见进行汇总，进而获得评价结果	专家各自独立，可以充分表达自己的想法	时间、精力消耗严重，存在信息不对称情况
头脑风暴法	充分发挥有经验专家的创造性、发散性思维，用会议方式进行更深层次的分析和识别	可分析不太复杂、目的清晰的问题	主观性较强，出错概率偏高
BP 神经网络	是按照误差逆向传播算法训练的多层前馈网络，无须事先表现描述这种映射关系的数学方程	具有很强的自学、自适应能力；非线性映射能力也很强	收敛速度慢，神经网络结构选择不一

4. 常见的风险因素

风险就是潜在的危险因素。由于建筑工程处于一个由人员、机械设备、材料、技术、环境、管理所组成的复杂系统中，引发施工安全事故的风险也就潜伏于这个系统中，因此，在识别建筑工程施工安全风险时也就要从这个系统出发，找出影响项目施工安全性的各种风险因素。表 6-8 中是常见的风险因素。

表 6-8　常见的风险因素

风险类别	风险因素
人员风险	工人操作熟练程度、工人安全培训情况、特种作业持证上岗情况、生理保健素质、专业知识和安全意识
机械设备风险	机械设备装卸情况、机械设备维修和保养情况、垂直运输机械可靠性检测情况、机械设备维护情况

续表

风险类别	风险因素
材料风险	施工材料质量情况、施工材料装卸合理程度、施工材料堆放合理程度
技术风险	施工组织设计、安全技术交底、工程设计的优良程度、新工艺与工法的采用
环境风险	当地气候条件、地质条件、人文与社会环境、施工现场条件
管理风险	安全操作规章完善情况、安全管理机构及岗位设置、安全生产事故上报制度、安全事故应急救援制度、安全信息传达情况

6.3.3 风险评估

1. 评估指标的选择原则

建筑工程施工安全风险指标体系的构建是复杂的，需要从多方面、多层次着手进行，只有这样才能够更准确地反映建筑工程施工安全风险状况，当然，也只有明确构建评估指标体系所需遵循的基本原则，才能构建出科学合理的评估指标体系，从而为实际生产生活服务。

1）科学性原则

应以建筑施工安全和管理理论为指导，以客观事实为依据，根据指标间的合理逻辑关系建立建筑工程施工安全风险指标体系，每一项指标的概念都要清晰、明确，能够有效地反映出施工安全风险的实际情况以及影响评价对象的主要因素。

2）系统性原则

系统性即整体性，建筑工程施工安全风险指标体系是一个系统而全面的有机整体，在其构建过程中要以整体目标的优化为准绳，各层次指标的目标要一致，各指标之间既彼此关联又相互独立，整个指标体系的层次要清晰，结构要合理。

3）可操作性原则

评估指标体系的可操作性是其被合理应用的前提条件，各项评估指标要有明确的意义，通过专家评分或统计数据等方法量化评估指标，规范计算方法，使其具有可操作性。

4）全面性原则

建筑工程施工安全风险的评价是全面的多因素综合评价，选取评估指标时应考虑评价对象的多个方面，选择具有代表性的指标，最初进行选择时，考虑的因素要全面、周到，以保证优化选择，当然，最终确定的指标不一定要很多。

2. 评估指标体系的构建过程

构建合理的评估指标体系是对建筑工程施工安全风险进行评价的基础，指标选取得是否得当，将直接影响评价的最终结果。通过分析建筑工程施工安全风险的主要内容和诸多影响因素，依据上述指标体系的建立原则，构建建筑工程施工安全风险的指标体系。常见的施工安全风险评估指标体系见表 6-9。

表 6-9　常见的施工安全风险评估指标体系

总目标	一级指标	二级指标
施工安全风险	人员	工人操作熟练程度
		工人安全培训情况
		特种作业持证上岗情况
		生理保健素质
		专业知识和安全意识
	机械设备	机械设备装卸情况
		机械设备维修和保养情况
		垂直运输机械可靠性检测情况
		机械设备维护情况
	材料	施工材料质量情况
		施工材料装卸合理程度
		施工材料堆放合理程度
	技术	施工组织设计
		安全技术交底
		工程设计的优良程度
		新工艺与工法的采用
	环境	当地气候条件
		地质条件
		人文与社会环境
		施工现场条件
	管理	安全操作规章完善情况
		安全管理机构及岗位设置
		安全生产事故上报制度
		安全事故应急救援制度
		安全信息传达情况

3. 评估的常见方法

施工安全风险评估一般有定性和定量两种方法。在项目管理实践中，将专家和项目管理人员的估计与有限数据相结合，成为施工安全风险评估中运用较多的方法。在施工安全风险评估中，采用何种方法，取决于风险的来源、发生的概率、风险的影响程度和管理者对风险的态度。常见的评估方法包括定性风险评估和定量风险评估。

1) 定性风险评估

定性风险评估包括历史资料法、理论概率分布法、主观概率法和风险事件后果估计法等。

(1) 历史资料法指在项目情况基本相同的条件下，基于每一事件过去已经发生的频率，通过对过去长时期内各种潜在的风险已经发生次数的观察，估计每一可能事件发生的概率。

(2) 理论概率分布法指当项目的管理者缺少类似项目的历史信息和资料，无法确定项目风险事件的概率时，可依据理论上的概率分布来建立风险的概率分布图，对风险进行补充或修正。常用的风险概率分布是正态分布，正态分布可描述安全事故等许多风险的概率分布。另外，风险评估中常用的理论概率分布还包括离散分布、等概率分布、阶梯形分布、三角形分布和对数正态分布五种。

(3) 主观概率法指项目实施过程中，很多时候项目管理者需要根据自身经历的过往经验，去建立项目风险事件发生的概率或概率分布。主观概率的大小往往通过人们长期积累的经验、对项目活动及其有关风险事件的了解深度进行估计。但需要明确的是，没有完全相同的两个项目，不同项目的风险都存在差别，区别仅在于差别的多少。

(4) 风险事件后果估计法指通过利用风险损失的性质、风险损失范围的大小和风险损失的时间分布三个方面来衡量风险。

2) 定量风险评估

定量风险评估包括安全检查表法、事故树分析 (FTA) 法、作业条件危险性评价法等。

(1) 安全检查表法是工程施工的一种最基础、最简便、广泛应用的系统危险性评价方法。它通常由一些对工艺过程、机械设备和作业情况非常熟悉并具备良好的安全技术与安全管理经验的人员，根据有关规范、标准、工艺、制度等事先对分析对象进行详尽分析和充分讨论，列出安全检查项目和检查要点等内容并编制成表。

(2) 事故树分析 (FTA) 法指由一个初始事件开始，根据该事件在事故发展过程中是否出现，交替考虑成功与失败两种可能性，然后把这两种可能性分别作为新的初始事件进行分析，不断循环直到得出最终结果，分析过程中的各种因果关系用不同的逻辑口连接起来，得到的图形像一棵倒置的树。

(3) 作业条件危险性评价法是利用与系统风险率有关的三种因素指标值之积来评价系统人员伤亡风险大小的方法，这三种因素分别为发生事故、危险事件的可能性，人暴露在危险环境中的时间，以及发生事故后可能产生的后果。这是一种评价作业人员在具有潜在危险的环境中作业时的危险性的半定量评价方法。

6.3.4　风险控制

风险控制是指在实际工程项目施工阶段,采用合理的应对策略和措施使得产生的风险影响降到最小,整个过程是动态的。根据风险评价结果,选取相应的风险防范措施,从而降低风险事故发生的可能性以及减少风险损失,使得风险在可控范围内变化,保证风险控制目标的达成。尽可能从源头上切断风险事故的发生,在施工过程中则应实施动态跟踪监控,在未产生严重后果时及时控制。

考虑到再生利用项目的特点及施工过程的独特性,其施工安全控制是一项涉及施工全过程的复杂系统工程,因此应从多方面、多角度进行施工安全控制。施工过程中的危险源控制措施可分为以下几种。

1. 制度安全

施工现场安全管理制度是保证施工现场安全生产的重要因素,管理制度混乱则容易引发安全事故。制度安全工作主要包括安全制度的完善,安全落实工作人员的态度、技术水平,安全组织机构、企业内部的事故应急预案和应急演练等。鉴于此,应当在以下几个方面运用管理控制方法建立管理控制程序。

(1)明确安全责任,定期安全检查。

对施工中的各个系统层面的危险源管理工作确定各级负责人,建立目标管理体系,并明确他们各自应负的具体责任。特别要明确各级单位对所在区域的危险源进行定期检查的责任,包括作业人员的每天自查、职能部门的定期检查、企业领导的不定期督查等。

(2)建立健全的危险源管理规章制度。

在对危险源进行分析的基础上,有针对性地建立各项危险源管理规章制度。其中包括安全生产责任制、重大危险源控制实施细则、安全操作规程、培训制度、交接班制度、检查制度、信息反馈制度、危险作业审批制度、异常情况紧急措施和安全考核奖惩制度等各项管理制度。

(3)加强危险源的日常管理。

搞好安全值班、交接班、日常安全检查,按操作规程进行正确作业。对所有活动均应认真做好记录,并使其处于可控状态。

(4)搞好危险源控制管理的考核评价和奖惩。

对危险源控制管理的各方面工作应制定考核标准,并力求量化。定期开展严格考核,给予奖励或处罚,逐年提高要求,促使企业和项目组织在危险源管理水平上不断提高。

(5)建立健全信息反馈制度。

抓好信息反馈工作，及时处理所发现的问题，建立健全信息反馈系统，制定信息反馈制度。对检查所发现的问题，应根据其性质和严重程度，按规定进行各级信息反馈和整改，并做好整改记录，一旦发现重大危险隐患，及时报告主管领导，组织紧急处置。

2. 人员安全

风险导致的事故通常与人行为的失误是密不可分的，进行人的行为控制，即控制人为失误，减少人的不正确行为对风险的触发作用，也是风险控制的重要方面。人为失误的主要表现形式有操作失误、指挥错误、不正确的判断或缺乏判断、粗心大意、厌烦、懒散疲劳、紧张、疾病或生理缺陷、错误使用防护用品和防护装置等。人行为的控制首先是通过管理方法，加强教育培训，做到人的本质安全化；其次是通过技术方法，做到人员操作安全化。

(1)加强教育培训，提高培训频次，增强安全意识和自我保护能力。

增强各级领导及相关作业人员的安全意识、对安全知识和操作技能的掌握程度，对涉及危险源管理的相关领导和人员进行定期专门的安全教育和培训。培训内容包括：危险源管理的意义；施工项目危险源的识别和评估；危险源的触发条件及控制措施；危险源管理的日常操作要求和应急事故处置等。同时，要始终坚持贯彻"安全第一"的思想观念，将定期开展安全教育活动置于第一位，提高安全培训频次，着重培养施工人员的自我保护意识。

(2)安排定期体检及合理化工作时间。

从业人员的身体素质和工作状态直接关乎项目施工安全，在风险控制过程中要安排员工定期进行体检，避免因从业人员身心健康状况不良而引起施工安全风险事故的发生。施工现场的高强度作业会引起从业人员精神不集中、疲惫施工，因此要科学合理地做好时间安排，使从业人员保证充足的睡眠以精力充沛地保证工作高效进行。

(3)实行事故责任制及设置奖惩制度。

秉承"防患于未然"的原则，推行事故责任具体到人的制度，落实安全事故的具体责任人。实行该制度的原因是让从业人员明白某些行为可能会产生的危害和损失以加强责任心和提升荣誉感，而并非单纯要给予某个人具体严厉的处置。应设置合理的、符合实际情况的奖惩制度，发现从业人员安全防护不到位时，及时提醒，遵循制定的规章制度，从制度层面警戒从业人员按照规章制度作业，确保从业人员的人身安全。

(4)注重提升从业人员的技能水平。

根据国家相关标准规定，所有企业单位都需本着与时俱进的原则定期开展技能水平培训活动，增强对从业人员的培训力度。在开展技能水平培训活动时，也可邀请相关领域的专家对从业人员进行答疑解惑，使员工接触到新的技术知识，以提高其技能水平并将此融入实践活动中。机械操作人员等特殊工种人员需要持证上岗，并坚持教育、培训、考核、上岗的管理顺序，对于培训、考核不合格的员工不予发放证书，也不能安排其上岗任职。

(5)岗位操作标准化。

根据各个工种所涉及的风险和工艺特征，制定合理的安全操作规程、作业指导书，通过专门的教育培训，使岗位安全操作规程和作业指导书真正落到实处。施工企业要根据施工进度和实际状况对岗位安全操作规程和作业指导书进行定期检查和修正。

3. 设备安全管理

(1)选择合适的机械设备及附属机具。

根据施工现场的实际条件及建筑特征选择合适的机械设备，参照机械设备工作性能编制合理的方案及确定机械设备的数量、位置等，从而避免机械交叉干扰碰撞。另外应注意，尽量选择相对较新的机械及匹配合适的附属机具，也就是折旧率低的设备，保障机械设备处于良好的操作状态。

(2)做好机械设备的维修保养工作。

机械设备不能超负荷运行，在结束使用后按照项目要求或者设备使用说明定期进行维修和保养，具体责任落实到具体人员，并要求对于机械设备的每次进出场都要做好书面记录，以便以后查阅。若发现机械设备存在故障，必须停车检查，任何机械设备不得带故障作业。

(3)合理设置塔吊顶升、附墙及吊点定位。

对塔吊、支撑装置、垂直升降机及起重机等设备，必须严格认真管理其拆装与使用，塔吊顶升、附墙等按要求进行，合理确定吊点定位，且每台塔吊配备一位经过专业培训且考核通过的指挥员。

4. 安全事故管理

(1)提高管理人员的现场风险管理与控制能力。

管理人员是施工安全风险管理的主要负责人，在施工条件准允的前提下，可以定期开展安全宣传教育及培训活动，定期考核管理人员参加培训的结果。根据施工关键环节及容易出现失误的步骤，有针对性地提升管理人员的现场风险管理与控制能力，加强安全规章管理办法的制定与推行力度，提高对建筑管理人员业务能力的要求。最后，制定详尽的施工现场风险管理计划，确保施工现场人-材-机的合理配置。

（2）加强安全防护措施。

施工过程中存在诸多可能影响安全施工的操作，所以需要在可能发生较大危险的位置放置安全防护用品。首先，通过使用防护用品能够在很大程度上减少危险性安全事故的发生、促进安全生产，从而培养从业人员养成良好的安全防护习惯。其次，能够警醒从业人员远离危险区域，大大降低了施工安全风险事故发生的可能性，保证了从业人员的生命安全。最后，施工现场周围应该布置好安全警示装置及相关防护措施，保障从业人员的人身安全，避免因为作业区域预制构件随意堆放可能对从业人员带来的安全威胁。

思 考 题

6-1 简述结构在基本荷载作用下的数值模拟分析流程。

6-2 有限元方法在数值模拟分析过程中主要分为哪几个步骤？

6-3 专项安全检测技术有哪些？请对其进行简短介绍。

6-4 结构健康监测常用的技术有哪些？

6-5 结构健康监测系统由哪些部分组成？请对其进行简要介绍。

6-6 在风险控制中，对危险源的定义是什么？

6-7 常见的风险识别方法有哪些？请对每种方法进行介绍和比较。

6-8 阐述风险评估指标的选择原则。

6-9 风险评估的定量分析方法有哪些？

6-10 在施工风险控制过程中应如何保证人员安全？

参考答案-6

参 考 文 献

程玉瑶, 2019. 基于长标距光纤传感技术的结构健康监测方法研究[D]. 南京: 东南大学.

符家瑞, 周艾珈, 刘勇, 等, 2021. 我国城镇污水再生利用技术研究进展[J]. 工业水处理, 41(1): 18-24, 37.

孔德信, 2018. 绿色建筑节能方案与设计——以围护结构为例[D]. 武汉: 湖北工业大学.

李慧民, 裴兴旺, 孟海, 等, 2018. 旧工业建筑再生利用施工技术[M]. 北京: 中国建筑工业出版社.

李磊, 2018. 超高层建筑施工安全评价体系研究[D]. 北京: 北方工业大学.

李勤, 刘怡君, 张梓瑜, 2022. 旧工业厂区绿色重构韧性机理解析[M]. 北京: 冶金工业出版社.

李勤, 盛金喜, 刘怡君, 2020. 旧工业厂区绿色重构安全规划[M]. 北京: 中国建筑工业出版社.

李清洋, 2017. 德国既有居住建筑改造中的绿色技术研究及借鉴意义[D]. 郑州: 郑州大学.

李瑞, 2019. 基于有限元分析的长春北湖新区深基坑变形规律研究与应用[D]. 长春: 长春工程学院.

李炙亳, 2018. 豫北地区既有办公建筑绿色化改造研究[D]. 郑州: 郑州大学.

刘鲁, 2020. 北方寒冷地区农居太阳能利用与围护体系改造方法探析——以临沂朱家林典型农居改造为例[D]. 济南: 山东建筑大学.

刘茹娇, 2019. 衡阳地区传统民居绿色技术研究[D]. 长沙: 湖南师范大学.

刘泽, 2020. 新型隔墙板抗震性能分析研究[D]. 成都: 西华大学.

孟海, 李慧民, 2016. 土木工程安全检测、鉴定、加固修复案例分析[M]. 北京: 冶金工业出版社.

舒诗湖, 耿冰, 沈玉琼, 等, 2021. 供水管道非开挖修复技术与典型案例[M]. 北京: 冶金工业出版社.

王春堂, 郗忠梅, 张晓, 2017. 城市道路工程检修与维护[M]. 北京: 化学工业出版社.

王静, 2015. 旧工业建筑绿色节能改造技术的应用研究[D]. 西安: 西安建筑科技大学.

王维利, 2021. 基于ABAQUS的混凝土损伤本构模型二次开发及其应用[D]. 郑州: 华北水利水电大学.

夏奇龙, 2018. 原竹龙骨组合结构住宅中太阳能利用的技术措施研究[D]. 西安: 西安建筑科技大学.

谢小青, 2017. 排水管道运行维护与管理[M]. 厦门: 厦门大学出版社.

徐鹏, 2017. 基于深度学习的结构健康监测[D]. 广州: 暨南大学.

严若然, 2021. 基于能耗模拟的太原市老旧医院住院楼节能改造技术研究[D]. 太原: 太原理工大学.

余洪, 2017. 绿色技术在农宅建设中的应用——以北京市七王坟村为例[D]. 天津: 天津大学.

张琛, 2021. 基于DeST模拟的太原市既有办公建筑节能改造技术研究[D]. 太原: 太原理工大学.

张阳, 2020. 建筑结构施工安全智能化监测关键技术研究[D]. 大连: 大连理工大学.

赵俊岭, 2014. 地下管道非开挖技术应用[M]. 北京: 机械工业出版社.

朱肇基, 2016. 基于风险管理的G工程施工安全控制研究[D]. 上海: 华东理工大学.